科尔沁沙地黑果枸杞育苗栽培技术集成

◎范　富　张庆国　侯迷红　张庆昕　编著

U0272271

中国农业科学技术出版社

图书在版编目（CIP）数据

科尔沁沙地黑果枸杞育苗栽培技术集成／范富等编著 . —北京：中国农业科学技术出版社，2020.12

ISBN 978-7-5116-4829-7

Ⅰ.①科… Ⅱ.①范… Ⅲ.①沙漠-枸杞-栽培技术-内蒙古 Ⅳ.①S567.1

中国版本图书馆 CIP 数据核字（2020）第 262289 号

责任编辑	周丽丽
责任校对	李向荣

出 版 者	中国农业科学技术出版社
	北京市中关村南大街 12 号　邮编：100081
电　　话	（010）82106626（编辑室）　（010）82109702（发行部）
	（010）82109709（读者服务部）
传　　真	（010）82106626
网　　址	http://www.castp.cn
经 销 者	各地新华书店
印 刷 者	北京建宏印刷有限公司
开　　本	710mm×1 000mm　1/16
印　　张	10.75
字　　数	190 千字
版　　次	2020 年 12 月第 1 版　2020 年 12 月第 1 次印刷
定　　价	50.00 元

前　言

本书在参阅大量文献基础上，阐述了科尔沁沙地地理位置、自然条件、沙地特征及生物生态响应、黑果枸杞生物学特性、黑果枸杞的生长发育、黑果枸杞的抗逆性、苗木育种繁殖、黑果枸杞育苗与栽植技术、玉米秸秆营养钵育苗技术及营养钵育苗栽培前景。作者在实地调查过程中获得第一手资料，发表了《科尔沁沙地发展黑果枸杞秸秆营养钵栽培前景分析》论文。针对科尔沁沙地（沙地呈坨、甸相间分布，气候为春旱多风，夏热多雨，秋季凉爽，冬季干冷，沙地水分严重亏缺，土壤植被类型多样，频繁的人类活动）特点及通辽市玉米秸秆这一优势资源（玉米种植面积每年在 110 万 hm² 以上，玉米秸秆贮量大，来源广）治理科尔沁沙地。主持项目"科尔沁沙地黑果枸杞秸秆营养钵种植技术集成与示范"（KCBJ2018027），在内蒙古民族大学农业可持续利用创新实践基地进行了大田试验，取得了一些研究成果。此书的初衷是通过试验示范，以期为科尔沁沙地治理提供理论依据和技术支撑。

宜耕沙地是一种重要的土地资源类型，通过治理，合理种植，对防风固沙、保护生态、发展绿色农业、精准扶贫具有深远意义。因此，科学地开发和利用科尔沁沙地将是拓宽生产领域、扩展农田土地空间的重要途径之一，沙地农业高效利用对我国耕地农业生产能力的提升，耕地数量的增加，国家生态安全都具有重要意义。

本书适用于农学、草业科学、农业资源与环境科学类专业以及相关专业的本科生和研究生，也可作为各相关领域技术人员的参考书。

本书由范富、张庆国、侯迷红、张庆昕编著。在编写过程中，得到了同行及学生的大力支持和帮助，在此表示衷心的感谢。编写过程中参考了大量的国内外文献、资料和图书。由于编者水平有限，书中不足之处在所难免，敬请读者多提宝贵意见，以便进一步提高编写质量。

编著者

2020 年 2 月

目　录

第一章　科尔沁沙地概况

第一节　科尔沁沙地地理位置

科尔沁沙地位于中国北方农牧交错带的西辽河冲积—湖积平原，西起七老图山与锡林郭勒高原毗邻，东至东北平原的西部，南界努鲁儿虎山，北与大兴安岭南缘山地丘陵相连，是一条400km长的沙带，是中国面积最大、人口最密、交通最发达的沙地。经纬位置为：北纬41°40′~46°00′，东经117°50′~124°05′。行政范围包括内蒙古自治区赤峰市的敖汉旗、翁牛特旗、巴林右旗、巴林左旗、阿鲁科尔沁旗；通辽市的奈曼旗、库伦旗、科尔沁左翼后旗、开鲁县、科尔沁区、扎鲁特旗、科尔沁左翼中旗；兴安盟的科尔沁右翼中旗；吉林省西北部的洮南、通榆、双辽等县市；辽宁省的康平、彰武等县，总面积为13.81万km²（段翰晨等，2018）（图1-1）。

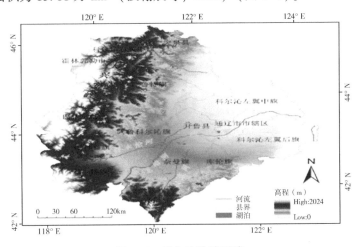

图1-1　科尔沁沙地区域

第二节　科尔沁沙地自然条件

一、地形地貌

从中生代晚期至老第三纪末期，整个地区以上升运动为主，遭受剥蚀。在新第三纪南北部山区继续以上升运动为主，而中部平原则以沉降运动为主。此期间，开鲁一带新第三纪沉积了大约170多米厚的沙砾岩类，个别地区沉积仅有几十米厚。第四纪下更新世，南部和北部山区继续以上升为主，中部则以下降为主。中更新世经历了新生代以来又一次最大幅度的沉降期，此期除了那些高地形外，普遍接受了沉积，但因活动程度的不同，沉积物厚薄不均。有隆起必有沉降，它们是相伴产生的，隆起遭受风化剥蚀，沉降接受沉积，因而在地貌上形成了现代的北部山地、南部低山丘岭及其中部的平原地形。中部平原深厚的第四纪沙层是沙地的主要物质来源（范富，1987）。但是，河流的携沙沉积也不能忽视。由于西辽河及其他河流上游河岸倒塌，河流水蚀强度大，河流含沙量大，上游的沙粒、粉粒被河水挟带下泻。老哈河、教来河、西拉木伦河等年输沙量达1亿t左右（孙金铸，1987），形成了分布较广的沙质土。

科尔沁沙地地貌以平原为主，有中山、低山丘陵，黄土台地，漫岗，也有风蚀洼地，沙丘，沙垄和沙沼，类型齐全，复杂多样。地势西高东低、南北高中间低，自西向东海拔由650m降至180m，北部以大兴安岭剥蚀侵蚀山地丘陵为主，中部由冲积平原、沙沼、沙坨、坨间洼地构成，南部是黄土丘陵。

科尔沁沙地南、北分别为燕山北部和大兴安岭南端的山区丘陵，南北部山丘会接于西部，形成高原区；北、西、南三面是西辽河水系的发源地，河流自西向东横贯沙地中部，形成冲积平原，平原最低处（内蒙古的最低点）位于科尔沁左翼后旗境内，海拔81.8m；中间的半封闭式环形盆地内风沙地貌广布，许多地段出现了流沙与半固定、固定沙丘、农田、牧场镶嵌交错的景观。在西辽河主干及支流下游沿岸常出现沙丘与古河床低湿洼地、沼泽湿地相间的特色。科尔沁沙地固定沙丘占沙地总面积的36.5%，半固定沙丘占46%，流动沙丘占17.5%，呈现梁窝状沙丘、灌丛沙堆和沙垄以及新月形沙丘和沙丘链形态。目前，大部分坨甸地已作农牧业利用。

二、气候条件

科尔沁沙地属于大陆性季风气候，冬季漫长寒冷，夏季短促温热，降水集中，秋吊频繁，春少雨雪，多大风。炎热多雨，秋季凉爽短促，是我国最靠近海洋的沙地，气候条件独具特色。

该区域为温带半干旱大陆性季风气候。年平均气温3~7℃，最冷月（1月）平均气温-12~17℃，最热月（7月）平均气温20~24℃，≥10℃的积温2 200~3 200℃，无霜期90~140天。光照条件充足，年平均日照2 700~3 100h；辐射较强，日均温≥10℃的太阳辐射总量为2 800MJ/m²。平均降水量350~500mm，其中70%集中于夏季；年蒸发量1 500~2 500mm，干燥系数1.0~1.8。年平均风速3.4~4.4m/s，春季平均风速4.2~5.9m/s；≥5m/s的起沙风日每年出现210~310天，甚至可达330天；每年≥17.2m/s的大风日数25~40天，其中沙尘暴天气10~15天，主要出现在春季。

三、水资源

科尔沁沙地水系主要为西辽河水系，过境河流有西辽河、教来河、新开河、乌力吉木仁河、养畜牧河、霍林河、老哈河等，由于气候干旱，地表水资源呈减少趋势，河流断流无水，56%的水库干枯，50%的沙湖及水泡子干涸，造成沙地地下水位明显下降，漏斗形的地下水位下降面积逐年增加。目前的水资源状况不容乐观，存在很多极为严重的问题，主要包括以下几个方面。

（一）本地区地表水资源呈明显减少趋势

对西辽河通辽水文站多年资料统计结果表明，20世纪50年代的年径流量为1.312×10¹⁰m³，20世纪60年代为9.49×10⁹m³，20世纪70年代为9.86×10⁸m³，20世纪80年代以后为2.895×10⁹m³，地表水资源与20世纪50年代相比减少了75%以上。近几年来当地持续干旱，特别是1999年以来，科尔沁沙地降水量明显减少，很多地区降水量达不到正常年份的平均值。降水量的减少以及农田灌溉需水量的增加等造成沙地内依赖降水补充的泡子水量和数量的减少。

近些年来由于河流上游需水量的增加，以及上游地区水土保持工作的完善，使科尔沁沙地主要河流来水量明显减少，不少河流经常断流，依河而建的水库贮水量减少，部分甚至干涸，原来的水库底部变成了农田、草地。在通辽地区现有的 16 座大中型水库中已有 9 座水库干枯。例如，位于科尔沁沙地奈曼旗的西湖水库，最大水域面积为 26km²，于 2001 年 5 月 17 日干涸；位于通辽市的莫力庙水库，号称亚洲第一大沙地水库，最大水面积可达 42km²，贮水量 $1.92×10^9$ m³，于 2002 年干涸。大量水库的干涸造成沿河流下游水分短缺，地下水无法得到补充，水位下降，同时由于河道干涸，河床裸露，沙物质外现，成为风沙活动的一个主要来源。

（二）地下水超采严重

随着人口的增加和工农业以及城市建设的发展，工业、农业、生活用水量不断加大，地下水超采严重。以通辽市为例，市区供水基本上依赖地下水源，在市区 146km² 范围内地下水可开采量约为 $3.0×10^8$ m³，而实际用水量 1985 年为 $6.0×10^8$ m³，1990 年达 $6.2×10^8$ m³，地下水超采 1 倍以上，造成市区东部工业区地下水位大幅度下降。科尔沁沙地部分地区地下水位明显下降。对通辽市科尔沁区地下水位动态变化的调查结果表明，20 世纪 60 年代的地下水位为 0.9～2.2m；70 年代为 3.2m；80 年代为 4.0m；90 年代为 4.5m；到 2000 年地下水位已经下降到 7.2m，在 40 年间地下水位下降达 7m。在一部分地区，地下存在漏斗形的地下水位下降状况。特别突出的是通辽市地下水漏斗面积从 20 世纪 70 年代的 21km² 已经发展到 2002 年的 178km²；吉林省双辽市地下水位从 1980 年的 2.7m 降低到 2002 年的 4.2m，在过去的 22 年间地下水位下降了 1.5m。

（三）沙地内部水体明显减少

在过去较长的一个历史时期以来，科尔沁沙地不仅降水多，地表水、地下水也很丰富。科尔沁沙地内部存在大量水体，流域面积约 8 666.7hm²，大小支流百余条，境内河流全长 880km；主要分布在各类沙丘之间，也称之为"水泡子""沙湖"等，常年或季节性积水的湖泡 600 多个，其面积一般在几百平方米至几十平方千米，蓄水量约有 $1.4×10^{10}$ m³，多数水泡子主要由降雨形成，大部分水质量较好，沙地水泡子对沙地植被的稳定起着重要作用；地下水较丰富且埋藏浅，大多在 1～5m，水质优良；沙丘的干沙层厚 3～5cm，湿沙层含水量较高；优越的水分条件是综合开发沙地资源，发展农、林、牧、副、渔复合生态经济的基础因素。近 10 年来，由于科尔沁地区降水量呈减少趋势和不合理采集地下水等原因，水泡子面积减少，甚至干涸。自 1999 年以来，已有近 70% 的湖泡已干涸，水泡水量减少了近 90%。

四、土壤和植被

植被是环境的一面镜子，从植被的变化可看出环境的变迁。据史料记载，从全新世早期的新石器时代一直到夏家店上层文化的西周至战国时代，科尔沁沙地基本上呈现或保持着植被繁茂的草甸草原、疏林草原和森林草原相间的自然地理景观。虽然这一时代的后期，由于气候、水文条件的变化及人类经济活动的影响，沙地植被曾一度退缩，在一些河流沿岸或个别地区产生了一些带状或块状分布的流动沙丘，但这些沙丘并没有连成片，并没有造成沙地的大面积沙化。

战国至辽代的科尔沁沙地基本上是一个水草丰美的草原植被景观，尚没有出现大面积的沙漠或流动沙丘。

辽代晚期至明代的科尔沁沙地，由于适合人类生存、繁衍的自然生态环境良好，人口增加、牧场超载、垦殖过广、战争频繁，多数时间内的科尔沁沙地均处于沙漠化的高峰期，沙地上的沙化土地及沙丘一直没有得到固定，植被没有得到全面恢复。迄至明末，植被恢复到以疏林草原为主，间有草甸草原、森林草原及荒漠草原的自然地理景观。

清代初期，科尔沁沙地由于植被条件好，自然环境优越，农业开始发展，个别地区存在有流动沙丘，这是沙地再次大规模沙化的病根。清代中后期，由于沙地开始招垦，关内的汉族人口涌入此地，加速了科尔沁沙地的农业开发。这也预示着科尔沁沙地沙漠化高潮的又一次到来，此次沙化高潮一直持续到现在仍没有得到有效控制，其持续时间长、涉及地域广、危害面积大是科尔沁变迁史上前所未有的。

如今的科尔沁大草原，在其腹地已经出现了东西延伸400km以上的沙地，即俗称"800里瀚海"的科尔沁沙地。而且，从时间延续上体现的植被逆向演替已经能够从现在同时段内不同地域植被类型的植物组合和分布格局反映出来。科尔沁沙地随降水量减少，沙漠化程度加重，形成一个明显的逆向演替系列：沙地疏林草原（榆树、蒙古栎，差不嘎蒿、小叶锦鸡儿、糙隐子草、沙生冰草、白草）→沙地灌丛化草原（差不嘎蒿、小叶锦鸡儿、乌苏里鼠李、叶底株、白敛，白草、糙隐子草、沙生冰草、山韭、沙葱、地梢瓜、扁蓿豆）→沙地典型草原（大针茅、糙隐子草、沙生冰草、猪毛菜、尖头叶藜、狗尾草、雾冰藜）→沙地草原（差不嘎蒿、小红柳、小黄柳、小叶锦鸡儿、杠柳，虫实、沙米、猪毛采）。科尔沁沙地原生植被为疏林草原。

由于其生境恶化，形成了群落组成少、结构简单、盖度和多度下降、产草量降低、草质趋于粗劣的隐域性沙地植被。

科尔沁沙地由于气候、地形、土壤及水文地质等条件的复杂性，决定了植被类型的多样性。主要植被类型有草甸草原、典型草原、草甸、沼泽、盐生、沙生等植被。榆树疏林、蒙古栎疏林、差巴嘎蒿群落草原是科尔沁沙地的景观特色。

土壤的形成演替是在母质、气候、生物、地形、时间的联合作用下进行的。科尔沁沙地由于环境的变迁，土壤也呈现逆向演替特征，由原来的地带性土壤（栗钙土、褐土、黑钙土）向非地带性土壤（灰色草甸土、风沙土、盐碱土）演替。

科尔沁沙地的土壤类型多样，且交错分布。在地带性因素的控制下，栗钙土是主要的类型。另外，在低山丘陵区还分布有褐土、栗褐土、黑钙土等多种地带性土壤；因境内气温和降水由南向北、由东向西递减，相应土壤逐渐由暗色变为淡色，呈现南北和东西水平地带性差异；在区域因素（地势、成土母质、地下水）影响下，分布有风沙土、灰色草甸土、浅色草甸土（潮土）、沼泽土、盐碱土等多种非地带性土壤，这些土壤具有显著的区域性特征具体如下。

第一，河谷土壤呈阶梯状和树枝状分布。阶梯状是从河床→河漫滩→一级阶地→二级阶地→山地坡面、丘陵或沙丘分布有不同类型的土壤；树枝状是因河流上、中、下游所处地带不同，呈现由地带性土壤向非地带性土壤的过渡。

第二，沙地中的湖泊、泡子周围，受地下水的影响从里向外依次出现沼泽土→潮土→风沙土→栗钙土，呈同心环状分布。

第三，科尔沁沙地的腹地在显域性和隐域性两大因素综合作用下，流动、半固定、固定风沙土与草甸土、栗钙土等类型交错分布。已有1/3的土壤由于受气候、人为活动的影响，形成了无结构、养分贫瘠、保水保肥能力差、面积广布的风沙土。另外，沼泽土、潮土、盐碱土也有少量分布。

第三节 科尔沁沙地特征及生物生态响应

一、科尔沁沙地风沙土概述

风沙土是通辽市耕地面积第二大的土壤类型。主要分布在通辽市的中南部教来河、西辽河、新开河流域两侧的高价地上，在养畜牧河以北与西辽河以南的库伦旗、奈曼旗、科左后旗的风沙土面积大，科尔沁区、开鲁县、科左中旗、扎鲁特旗，均有连片或零星分布，通常称为科尔沁沙地。风沙土是发育在风积沙母质上的幼年土，成土母质为风积物，剖面通体砂，保水保肥性差。根据风沙土稳定程度和发育阶段，分为流动风沙土、半固定风沙土、固定风沙土 3 个亚类。风沙土土类总耕地面积为 388 150.61hm²，占全市耕地总面积的 28.81%。

（一）固定风沙土亚类

1. 固定沙沼风沙土

（1）土种归属及分布

固定沙沼风沙土属于固定风沙土亚类，固定沙沼风沙土土属。固定沙沼风沙土在通辽境内分布很广，西起奈曼旗义隆永乡，东到科左后旗金宝屯镇，北以大兴安岭为界，南抵养畜牧河范围内均有分布。面积为 477 474.6hm²，其中农田面积为 105 790.26hm²。

（2）主要性状

固定沙沼风沙土母质为砂质风积物。该土种以成土条件稳定，剖面发育以地带性土壤阶段为其主要特征。剖面由表土层、亚表土层和底土层构成。表土层平均厚度为 52.6cm，灰棕色（5rR5/2）或暗黄棕色（10rR5/4）。有机质平均含量为 5.7g/kg，壤质沙土，粒状结构不稳定。容重为 1.51g/cm³，孔隙度为 43%，阳离子交换量为 6.25cmol（⁺）/kg。亚表层土呈棕色（7.5rR4/6）或黄棕色（10rR5/8），有机质平均含量为 4.1g/kg，壤质沙土，无结构，底土为黄棕色的风积沙。

（3）典型剖面

剖面（表 1-1、表 1-2、表 1-3、表 1-4）采于科尔沁左翼中旗东苏林场嘎查正东沼地 1 200m 树林地。

表1-1 典型剖面化验结果

发生层	深度（cm）	全量养分（%）			C/N	CaCO₃（%）	有机质（%）	pH值	名称
		N	P	K					
As	0~20	0.048 9	0.016 3	2.8	10	0.03	0.83	7.7	沙壤
C	20~120	0.047 3	0.013 4	2.9	9	0.14	1.74	7.6	沙壤

表1-2 典型剖面机械组成

发生层	深度（cm）	国际制				I/C	TEX	名称	卡庆斯基制					
		2~0.2mm	0.2~0.02mm	0.02~0.002mm	<0.002mm				1.0~0.25mm	0.25~0.05mm	0.05~0.01mm	0.01~0.005mm	0.005~0.001mm	<0.001mm
As	0~20	28.7	60.1	1.0	10.2	0.1	LS	壤质沙土	20	62	5	1	3	9
C	20~120	31.2	57.6	1.8	9.4	0.2	LS	壤质沙土	22	63	5	0	1	9

表1-3 0~20cm养分含量

养分	解碱氮（mg/kg）	全氮（%）	有机质（%）	速效磷（mg/kg）	速效钾（mg/kg）
平均数	34	0.040 5	0.65	2.6	90.0
标准差	28	0.019 4	0.32	2.8	56.9
变异系数	83.9	47.8	48.9	169.0	63.1

表 1-4 土壤理化性状数据

发生层厚度（cm）		有机质（%）	全量养分（%）			pH 值	碳酸钙（%）	容重（g/cm³）	孔隙度（%）	CEC cmol（+）/kg	<0.002mm 粒级含量（%）	<0.01mm 物理性黏粒（%）
层次	厚度		N	P	K							
As₁	52.6	0.57	0.044 2	0.032 3	2.09	8.8	6.25	1.51	43.0	6.25	5.6	7
As₂		0.41	0.021 4	0.015 0	2.20	8.5	0.91				6.3	12
C		0.42	0.020 4	0.015 1	0.30	8.4	0.90				9.3	10

As 层：0~20cm，灰棕色（5rR5/2），壤质沙土，微粒状结构，松、润，根系多，层次过渡明显。

C 层：20~120cm，棕色（7.5rR4/6），壤质沙土，无结构，较紧，潮，根系较多。

（4）生产性能与改良措施

固定沙沼风沙土养分含量低，0~50cm 土层有机质贮量为 304.3kg/亩（15 亩 = 1hm²；1 亩 ≈ 667m²。全书同）。土壤沙性大，黏结弱，破坏复活。因此，在改良利用上，应注意保护植被，防止过牧，引起沙化。

2. 固定沙坨风沙土

（1）土种归属及分布

固定沙坨风沙土系固定风沙土亚类，固定沙坨风沙土土属。地貌条件为起伏不大的沙丘，相对高差 3~5m，局部大于 10m。面积为 503 511.87hm²，其中农田为 103 534.66hm²。

（2）主要性状

固定沙坨风沙土是发育在风积沙母质上的幼年土壤。固定沙坨风沙土的特点是成土条件稳定，生草化达到明显阶段，地面有微弱的结皮层，剖面分化明显。土体由灰色结皮层、腐殖层（A）和母质层（C）构成。结构层很薄，一般小于 0.5~1.0cm，腐殖层平均厚度为 66.3cm，暗黄棕色（l0rR5/4）或棕色（7.5rR4/6），壤质沙土，无结构，有机质平均含量为 4.5g/kg，阳离子交换量为 7.52cmol（⁺）/kg。容重为 1.54g/cm³，孔隙度为 41.9%。底土为黄色（2.5rR7/3）或灰棕色（5rR5/2），壤质沙土。

（3）典型剖面

剖面（表1-5、表1-6、表1-7、表1-8）采于科左后旗甘旗卡镇哈塔拉西坨子处，植物有狗尾草、白草、叉分蓼及叉不嘎蒿等，盖度75%。

As 层：0~60cm，暗黄棕（l0rR5/4），壤质沙土，松散，无结构，多大孔，根系较多，层次过渡较明显。

C 层：60~150cm，灰棕色（5rR5/2），壤质沙土，无结构，松、润，无根系。

（4）生产性能与改良措施

固定沙坨风沙土生境条件脆弱，耐牧性极差，且地形起伏，沙粒松散。一旦破坏，在强风作用下，风蚀沙化极其迅速，再行治理恢复，难度甚大。因此，在开展利用上应引起高度重视，在植物生长盛季可作为季节性牧场。

表1-5 典型剖面化验结果

发生层	深度(cm)	有机质(%)	国际制				I/C	CaCO₃(%)	全量养分(%)			C/N	pH值
			2~0.2mm	0.2~0.02mm	0.02~0.002mm	<0.002mm			N	P	K		
As	0~60	1.81	47.6	50.1	1.2	1.1	1.1		0.073	0.005 2	2	9	7.5
C	60~150	0.68	39.3	56.3	1.2	3.1	0.4	0.14	0.036	0.016 6	2	11	7.3

表1-6 典型剖面机械组成

发生层	深度(cm)	TEX	名称	卡庆斯基制						名称
				1.0~0.25mm	0.25~0.05mm	0.05~0.01mm	0.01~0.005mm	0.005~0.001mm	<0.001mm	
As	0~60	LS	壤质沙土	36	57	4	1	1	1	松砂土
Ac	60~150	LS	壤质沙土	39	60	6	1	1	3	松砂土

表1-7 0~20cm养分含量

养分	有机质(%)	全氮(%)	全量养分(%)			解碱氮(mg/kg)	速效磷(mg/kg)	速效钾(mg/kg)
			N	P	K			
平均数	0.60	0.037 8	0.031 1	0.011 0	2.23	37.0	13.9	87.0
标准差	0.26	0.011 5	0.029 7	0.017 5	2.14	22.0	17.7	69.7
变异系数	43.30	30.4	43.30			58.3	127.9	79.9

表1-8 土壤理化性状数据

层次	发生层厚度(cm) 厚度	pH值	碳酸钙(%)	有机质(%)	容重(g/cm³)	孔隙度(%)	CEC cmol(+)/kg	<0.002mm粒级含量(%)	<0.01mm物理性黏粒(%)
As	66.3	8.1	0.17	0.45	1.54	41.87	7.52	3.6	7
C	17	8.3	0.20	0.17				4.1	5

3. 栗钙土型风沙土

（1）土种归属及分布

栗钙土型风沙土归固定风沙土亚类，栗钙土型风沙土土属。主要分布于扎鲁特旗、科左中旗、开鲁县和奈曼旗，所处地形多为平缓的漫岗地或坨子地边缘。面积为 255 812.20hm²，其中农田为 48 346.26hm²。

（2）主要性状

栗钙土型风沙土母质为风积砂，土壤具有明显的生草化过程。表土层成灰棕色（5rR5/2）、栗色（10rR4/3）。腐殖质染色层平均厚度达到 35.9cm，表层有机质平均含量为 8.6g/kg，比其他类型沙土高。栗钙土型风沙土表层质地仍为壤质沙土，这是母质化学特性与成土环境相互制约的结果。栗钙土型风沙土有弱石灰反应，碳酸钙含量在 1.0%~2.4%，且随深度增加有增高趋势，但缺乏栗钙土中石灰淀积层次。盐酸盐在剖面中的这种分布规律，显然是栗钙土型风沙土一种地带性特征的反映，栗钙土型风沙土养分不高，阳离子交换量为 8.36cmol（⁺）/kg，是一种肥力低的土壤。

（3）典型剖面

剖面（表 1-9、表 1-10、表 1-11、表 1-12）采于开鲁县黑龙乡高若牧铺。植物有小叶锦鸡儿、野苜蓿、羊草、甘草及麻黄等，覆盖度 70%。

As 层：0~29cm，栗色（10rR4/3），壤质沙土，屑粒状结构，松，多根系，层次过渡逐渐。

AB 层：29~51cm，灰棕色（5rR5/2），壤质沙土，不稳定块状结构，较紧，干，根系较少，弱，石灰反应，层次过渡明显。

C 层：51~140cm，灰黄色（2.5rR7/3），壤质沙土，无结构，较紧，干，少根系，石灰淀积不明显，中度石灰反应。

表 1-9　典型剖面化验结果

发生层	深度（cm）	有机质（%）	CaCO₃（%）	全量养分（%）			C/N	pH 值
				N	P	K		
As	0~29	1.28	0.02	0.069 9	0.010 1	2.2	11	7.8
AB	29~51	0.65	0.02	0.038 4	0.014 5	2.3	10	7.9
C	51~140	0.63	5.03	0.037 8	0.020 5	2.0	10	8.2

表1-10 典型剖面机械组成

发生层	深度 (cm)	国际制							卡庆斯基制						
		2~ 0.2mm	0.2~ 0.02mm	0.02~ 0.002mm	<0.002mm	I/C	TEX	名称	1.0~ 0.25mm	0.25~ 0.05mm	0.05~ 0.01mm	0.01~ 0.005mm	0.005~ 0.001mm	<0.001mm	名称
As	0~29	84.2	7.3	4.9	3.6	1.3	LS	壤质沙土	80.3	15.7	0	0	2	2	松沙土
AB	29~51	95.1	0.1	4.3	0.5	10.3	LS	壤质沙土	97.8	2.1	0	0	0	0	松沙土
C	51~140	66.2	27.4	4.9	1.5	3.4	LS	壤质沙土	52.4	39.6	4	2	0	2	松沙土

表1-11 0~20cm养分含量

养分	有机质 (%)	全氮 (%)	解碱氮 (mg/kg)	速效磷 (mg/kg)	速效钾 (mg/kg)
平均数	1.12	0.076 8	59.0	1.0	95.0
标准差	0.37	0.019 6	166.0	0.9	40.0
变异系数	33.10	25.5	28.4	84.5	42.2

表1-12 土壤理化性状数据

发生层厚度 (cm)		有机质 (%)	全量养分 (%)			碳酸钙 (%)	容重 (g/cm³)	pH值	孔隙度 (%)	CEC cmol (+) /kg	<0.002mm 粒级含量 (%)	<0.01mm 物理性黏粒 (%)
层次	厚度		N	P	K							
As	35.9	0.86	0.051 8	0.017 3	2.22	1.60	1.50	8.6	43.38	8.36	8.5	15
AB	67	0.69	0.036 6	0.017 8	2.10	1.27	1.40	8.4			7.9	12
C		0.49	0.034 5	0.022 6	2.27	2.18		8.5			5.6	11

（4）生产性能与改良措施

该土是风沙土类中养分含量较高的一个土种，0~50cm 土层有机质贮量为 376.9kg/亩。土性暖，易抓苗，有前劲，后劲不稳，当地无施肥习惯，产量很低。一般种植荞麦、糜黍、杂豆等作物，产量亦低于 100kg/亩。在利用上，应退耕还林还牧，加强封育，严禁破坏现有植被，可为夏秋牧场。

（二）半固定风沙土亚类

1. 半固定沙坨风沙土

（1）土种归属及分布

半固定沙坨风沙土系半固定风沙土亚类，半固定沙坨风沙土土属。广泛分布于科尔沁区、开鲁县、库伦旗、科左中旗、科左后旗，呈斑块状、片状与流动风沙土交错分布。面积为 785 870.33hm²，其中农田为 74 067.981rm²。

（2）主要性状

半固定沙坨风沙土，也是发育在风积沙母质上的幼年土壤。该土的主要特点是生草化较明显，地面有 30%~40% 的植被覆盖，表层土较稳定，剖面常见到明显的风积沙纹。剖面略有发育，但发生层分化不明显。土层呈棕灰色（7.5rR5/2）或暗黄棕色（10rR5/4），阳离子交换量为 6.41cmol（⁺）/kg，表土层以灰黄色（2.5rR7/3）的壤质沙土为主。

（3）典型剖面

剖面（表 1-13、表 1-14、表 1-15、表 1-16）采于科左后旗阿古拉苏木准特格希巴雅尔嘎查北坨部顶。植物有差不嘎蒿、猪毛菜、展枝唐松草、鹤虱子、叉分蓼、沙蓬、狗尾草。盖度 30% 左右。

AC 层：0~40cm，暗棕灰色（7.5rR5/2），沙土，松散无结构，多大孔，干，少根系，无泡沫反应。

C：40~140cm，灰黄色（2.5rR7/3），壤质沙土，无结构，较润，无根系，无泡沫反应。

表 1-13　典型剖面化验结果

发生层	深度（cm）	有机质（%）	CaCO₃（%）	全量养分（%）			C/N	pH 值
				N	P	K		
AC	0~40	0.5033		0.031	0.034	0.3	9	7.7
C	40~140	0.2187		0.014	0.016	1.7	9	7.2

表 1-14 典型剖面机械组成

发生层	深度 (cm)	国际制							卡庆斯基制						名称
		2~0.2mm	0.2~0.02mm	0.02~0.002mm	<0.002mm	I/C	TEX	名称	1.0~0.25mm	0.25~0.05mm	0.05~0.01mm	0.01~0.005mm	0.005~0.001mm	<0.001mm	
AC	0~40	45.8	52	1.8	0.4	4.5	LS	壤质沙土	34	1	1	1	0	2	松砂土
C	40~140	27.2	69.8	2.9	0.1	26.5	LS	壤质沙土	18	8	1	0	0	1	松砂土

表 1-15 0~20cm养分含量

养分	有机质 (%)	全氮 (%)	解碱氮 (mg/kg)	速效磷 (mg/kg)	速效钾 (mg/kg)
平均数	0.53	0.034 2	37.0	4.1	82.0
标准差	0.30	0.020 0	41.0	5.2	63.0
变异系数	56.1	58.6	111.7	126.1	76.4

表 1-16 土壤理化性状数据

发生层厚度 (cm)		有机质 (%)	全量养分 (%)			pH 值	碳酸钙 (%)	容重 (g/cm³)	孔隙度 (%)	CEC cmol (+) /kg	<0.002mm 粒级含量 (%)	<0.01mm 物理性黏粒 (%)
层次	厚度		N	P	K							
表		0.42	0.018 8	0.016 3	2.23	8.1		1.58	40.35	6.41	1.1	4
底		0.38	0.023 1	0.008 4	2.03	8.5					2.3	3

（4）生产性能与改良措施

半固定沙坨风沙土生草化弱，植被覆盖率在30%~50%，土壤养分含量低，0~50cm土层有机质贮量为251.7kg/亩。表土砂固定不稳，极易活动。因此，在利用上，应进行自然封育，严禁破坏现有植被；营造防护林带，种植沙生植物，增加植被覆盖率。

2. 半固定沙沼风沙土

（1）土种归属及分布

半固定沙沼风沙土系半固定风沙土亚类，半固定沙沼风沙土土属。该土广泛分布在科尔沁区、开鲁县、扎鲁特旗、科左中旗、科左后旗、库伦旗、奈曼旗及霍林郭勒市区。面积为189 981.20hm²，其中农田为23 275.48hm²。

（2）主要性状

半固定沙沼风沙土是发育在平缓的沙沼地，风成沙质沉积物上的土壤。半固定沙沼风沙土的主要性状是剖面分化略显明显，土体构型一般由弱的腐殖层（A）和母质层（C）构成层平均厚度为35.3cm，灰黄棕色（10rR4/3）或棕灰色（7.5rR5/2），有机质平均含量为5.6g/kg，全氮0.347g/kg，碱解氮34mg/kg，速效磷2.8mg/kg，速效钾80mg/kg。壤质沙土，容重为1.48g/cm³，孔隙度为44.2%。其下层为棕灰（7.5rR5/2）或灰黄色（2.5rR7/3），有机质为3.6g/kg，壤质沙土。

（3）典型剖面

剖面（表1-17、表1-18、表1-19、表1-20）采于奈曼旗清河乡小当海村北沼杨树林地。

A层：0~30cm，灰黄棕色（10rR4/3），壤质沙土，松散，无结构，多大孔，干，多根系，无盐酸反应。

C层：30~105cm，棕灰色（7.5rR5/2），壤质沙土，松，无结构，干，少根系。

表1-17 典型剖面化验结果

发生层	深度（cm）	有机质（%）	CaCO₃（%）	全量养分（%）			C/N	pH值
				N	P	K		
A	0~30	0.54	0.12	0.029 4	0.025 2	1.23	11	8.6
C	30~105	0.29		0.022 4		1.75	7	8.3

表 1-18 典型剖面机械组成

发生层	深度(cm)	国际制				I/C	名称	TEX	卡庆斯基制						名称
		2~0.2mm	0.2~0.02mm	0.02~0.002mm	<0.002mm				1.0~0.25mm	0.25~0.05mm	0.05~0.01mm	0.01~0.005mm	0.005~0.001mm	<0.001mm	
A	0~30	94.8	0	4.3	0.9	10.25	壤质沙土	LS	95.4	0.6	2	2	0	0	松砂土
C	30~105						壤质沙土	LS							松砂土

表 1-19 0~20cm养分含量

养分	有机质(%)	全氮(%)	解碱氮(mg/kg)	速效磷(mg/kg)	速效钾(mg/kg)
平均数	0.56	0.0347	34	2.8	80
标准差	0.33	0.0228	23	3.8	42.9
变异系数	60.2	65.8	66.3	135.0	53.6

表 1-20 土壤理化性状数据

发生层厚度(cm)		有机质(%)	全量养分(%)			碳酸钙(%)	pH值	容重(g/cm³)	孔隙度(%)	CEC cmol(+)/kg	<0.002mm粒级含量(%)	<0.01mm物理性黏粒(%)
层次	厚度		N	P	K							
A	35.3	0.55	0.0282	0.0161	1.89	0.78	8.4	1.58	40.35	6.41	3.5	5
C		0.36	0.0199	0.0117	2.10	1.46	8.1				4.6	7

（4）生产性能与改良措施

半固定沙沼风沙土表层养分含量很低，0～50cm 土层有机质贮量为224.7kg/亩。土壤质地粗，且固定较晚，极易活化流动。在改良利用上，宜于营造防护林，种植牧草，严防沙化。

（三）流动风沙土亚类

1. 土种归属及分布

流动风沙土系流动风沙土亚类，流动风沙土土属。通辽市境内分布广泛，西起赤峰市与通辽市交界处，东到科左后旗金宝屯镇；北起扎鲁特旗荷叶花、珠日河三分场，南到库伦旗养畜牧河，到处都有流动风沙土的分布。其中以西辽河南，通辽至大沁他拉公路北，以及通辽至余粮堡南，通辽至甘旗卡东西两片集中分布，面积 325 488.07hm²，其中农田为 33 135.94hm²。

2. 主要性状

流动风沙土母质为风沉积沙。风沙土的主要特点是颗粒粗，不黏结，松散，容易流动；在当地气候干旱、风多、大风频率高的环境条件下，成土过程不稳定，经常发生覆沙过程和吹蚀过程。因此，流动风沙土长期处于原始阶段。这种特征反映在剖面形态上无层次性，通体质地均一，无结构，矿物质组成以石英、长石为主。养分情况：有机质（0～20cm）平均为 2.1g/kg，容重为 1.58g/cm³，孔隙度为 40.4%，阳离子交换量为 3.43cmol（⁺）/kg。

3. 典型剖面

剖面（表 1-21、表 1-22、表 1-23、表 1-24）采于奈曼旗大沁他拉镇乌根包冷村正北 800m 处，流动沙丘，植物有稀疏沙蓬，零星有叉分蓼。

A 层：0～20cm，灰黄（2.5rR7/3），壤质沙土，松散无结构，无根系，无石灰反应。

C 层：20～120cm，灰黄色（2.5rR7/3），壤质沙土，松散无结构，多大孔，无根系，无石灰反应。

表 1-21　典型剖面化验结果

发生层	深度（cm）	有机质（%）	CaCO₃（%）	全量养分（%）			C/N	pH 值
				N	P	K		
A	0～20	0.03	—	0.003 3	0.009 0	1.6	6	6.6
C	20～120	0.06	—	0.005 0	0.009 0	1.7	7	6.4

表1-22　典型剖面机械组成

发生层	深度(cm)	国际制				I/C	TEX	名称	卡庆斯基制						名称
		2~0.2mm	0.2~0.02mm	0.02~0.002mm	<0.002mm				1.0~0.25mm	0.25~0.05mm	0.05~0.01mm	0.01~0.005mm	0.005~0.001mm	<0.001mm	
A	0~20	77.8	9.8	9.4	3	3.19	LS	壤质沙土	63.0	23.0	8	2	2	6	松砂土
C	20~120	72.1	14.4	10.5	3	3.48	LS	壤质沙土	58.4	23.6	12	2	2	6	松砂土

表1-23　0~20cm养分含量

养分	有机质(%)	全氮(%)	碱解氮(mg/kg)	速效磷(mg/kg)	速效钾(mg/kg)
平均数	0.21	0.018 4	40.0	6.2	39.0
标准差	0.19	0.018 7	39.6	7.1	27.5
变异系数	88.90	102.2	99.6	115.5	70.1

表1-24　土壤理化性状数据

发生层厚度(cm)		有机质(%)	全量养分(%)			碳酸钙(%)	容重(g/cm³)	孔隙度(%)	pH值	CEC cmol(+)/kg	<0.002mm粒级含量(%)	<0.01mm物理性黏粒(%)
层次	厚度		N	P	K							
		0.13	0.005 6	0.009 4	2.37	0.54	1.58	40.35	8.5	3.43	1.4	2.6

4. 生产性能与改良措施

流动风沙土在通辽地区面积较大，分布也很广泛。在农牧林业生产中，除部分地区封育植树外，大部分还未利用。在交通方便地方，已开采为工业原料，每年有大量矽砂出口换取外汇，繁荣地区经济。通辽地区的流动风沙土处半干旱—半湿润气候区，流动风沙土中也含有一定数量的细土和养分。因此，在利用上采取自然封育，人工补播沙生植物，栽植林木，3~5 年即可固定。

二、科尔沁沙地特征及生物生态响应

因环境条件的差异，不同生境的黑果枸杞实生苗采取不同的生长策略以适应环境（郭有燕等，2019）。农田地埂生境的黑果枸杞实生苗高度大于其他生境，盐碱荒地生境的黑果枸杞实生苗基径大于其他生境，而盐碱沙地生境的黑果枸杞实生苗冠幅大于其他生境。这说明，在水分充足的生境，黑果枸杞幼苗会将更多的资源投入高度的生长，而在光照资源非常丰富的生境，黑果枸杞幼苗主要进行茎的增粗生长，Ziegenhagen 等（1995）、陈章和等（1999）、许中旗等（2009）、闫兴富等（2011）得出了类似的研究结果。在土壤含盐量较高的生境，黑果枸杞幼苗主要采取增大冠幅的方式，获取更多的光照资源，以利于幼苗的生长。

各生境黑果枸杞实生苗地上与地下部分干物质分配不均，农田地埂生境的黑果枸杞实生苗将更多的生物量投入了地上部分，而盐化沙地的黑果枸杞将更多的生物量投入了根系。这说明黑果枸杞实生苗通过调整生存策略适应环境的变化（Henderson 2010）。盐化沙地、盐碱荒地生境空气、土壤水分相对贫乏，黑果枸杞为了确保生存与生长，通过降低地上部分的生长，加大根系的生长以适应干旱的环境。Asbjornsen 等（2004）、吴敏等（2013）得出了类似的研究结论。

（一）沙地呈坨、甸相间分布

科尔沁沙地南、北分别为山区丘陵，中部为冲积平原，地势西高东低，地形为半封闭式环形盆地。固定沙丘占沙地总面积的 36.5%，半固定沙丘占46%，流动沙丘占 17.5%，呈现了流沙与半固定、固定沙丘、农田、牧场镶嵌交错的景观。目前，大部分坨甸地已作农牧业利用。耿生莲（2012）的研究得出土壤含水量小于 5% 时黑果枸杞的正常生理平衡遭到破坏，以此得出，黑果枸杞为较耐旱树种。土壤含水量分别为 17.2% 时光合作用最强，土壤含水量为 18.0% 时蒸腾作用最强，土壤含水量为 17.6% 时叶片水分利用最适，土壤水合补偿点为 3.81%，因此土壤含水量为 17%~18% 时最适宜黑果枸杞幼苗的生长。李永洁（2014）研究表明，在干旱胁迫下黑果枸杞幼苗的生长量和生物量分配发生很大的变化，由此得出黑果枸杞能通过调整生物量等的变化来增加水分吸收和减小水分的流失。黑果枸杞幼苗体内重要的渗透调节物质溶性糖和脯氨酸也随干旱程度的增加呈现出不同的积累状况，以此来调节细胞质渗透势。黑果枸杞耐干旱，在沙地能生长，是喜光树种，全光照下发育健壮。

（二）气候为春旱多风，夏热多雨，秋季凉爽，冬季干冷

科尔沁沙地风能资源较丰富；旱涝频繁，但雨热同季，为大农业的发展提供良好的水热条件；秋季凉爽温差大，适宜发展粮油糖作物和经济林木及药材；冬季漫长干冷对牧业生产不利。黑果枸杞发育期比红果枸杞发育期较晚，春季日平均气温达 10℃ 左右，黑果枸杞开始发育，5 月中旬开始萌芽生长，到 11 月上旬落叶，停止生长，其生长期约 180 天左右。在气温 ≥5℃，积温达 2 300℃ 以上；气温 ≥10℃，积温达 2 100℃ 以上时发育期正常。黑枸杞是喜阳作物，根据观测被遮阴的黑果枸杞树比在正常日照条件下的黑果枸杞树生长发育慢，枝条细弱，发枝力弱，枝条寿命短，结果差，果实个头小，产量低；黑枸杞全生育期平均日照时数达 1 520h，较好地满足黑枸杞正常生长发育；土壤近地层相对湿度保持在 20% 以上为宜，特别是 20~40cm 深度，应保持在 30% 以上有利于黑枸杞正常发育（雷玉红，2018）；黑果枸杞适应性很强，能忍耐近 40℃ 的高温，耐寒性亦很强，在 -26℃ 左右无冻害；科尔沁沙地日照时间长，昼夜温差大，干旱少雨，土壤沙化严重，黑果枸杞完全能适应科尔沁沙地的气候条件。

（三）沙地水分严重亏缺

近 20 年科尔沁沙地水分亏缺严重，因此开源节流是沙地发展农、林、牧、副、渔复合生态经济的重点。水资源是科尔沁沙地生态系统良好发育和演变的制约因素。1999 年至今，科尔沁沙地进入了一个相对干旱期。在治理方面，最明显的问题是防风固沙林的树种选择失当。杨树生长季的需水量达 380mm，而当地的多年评估降水量在 360mm，这表示建设以杨树为主的防风固沙林必然依靠于很大程度上的人工灌溉。对防风固沙植被进行调整成为新一轮科尔沁沙地荒漠化综合治理阶段的重要任务，筛选适宜的生态修复物种，是其中的关键要素。

黑果枸杞果实属于浆果，果实成熟时皮薄、易破流汁，在雨多的地里特别易烂果，发生黑果病。同时，植株叶片易发生炭疽病，茎易发生茎腐病，根易生根腐病，易发生的虫害为瘿螨、白粉虱等，给种植带来很大的经济损失和沉重的管理负担。因此，在种植区域选择上应选用 300mm 以下降水量的干旱少雨区域，并为提高产量，需要有灌溉条件作保障。这样既避免由于多雨带来的烂果、病虫害危害麻烦，又可满足高产需要的地下灌溉水分，同时也最大限度地发挥黑果枸杞的抗旱的生态价值。

野生黑果枸杞群落具有以下特征：一是通过庞大的茎和根系以及肉质化的叶片，充分利用土壤水和地下水等环境因子在逆境中适应其生长；二是黑果枸杞属耐旱植物，在土壤透气性较好及排水条件好的情况下仍可以更好地生长；三是具有较强的耐盐碱性；四是具有防风沙能力，可以有效地防治风沙掩埋；五是喜生于荒漠草原、盐湖、河流的外围或两侧的高地上。

黑果枸杞秸秆营养钵栽培技术可以节水抗旱，充分发挥科尔沁沙地的地域优势。科尔沁沙地属于典型的北温带半干旱风沙地区，并处于我国北方半干旱农牧交错区生态脆弱带内，其中沙地面积（流动沙地、半固定沙地和固定沙地）占总土地面积的 43.1%，是科尔沁沙地面积最大、对生态环境影响起决定性作用的一种土地类型，其含沙量大，因此土壤孔隙大，通气性强，发苗小。传统耕作模式下由于多次搅动土壤，水分散失严重，土壤风蚀沙化，土壤结构变坏，肥力下降，加之自然降水逐年减少，地下水位持续下降，农业生产面临严峻的挑战，因此寻求一种适宜风沙区的耕作技术是该区实现农业可持续发展的当务之急。大量研究表明，秸秆营养钵栽培技术有改善农田作物生长环境方面的作用：有效提高农田水分利用效率；有效保持水土，大幅度地减少水土流失，减少大部分的田间起沙，降低农田地表土壤养分和水分的流失；秸秆营养钵栽培技术在减少对土壤扰动的同时，可以增加土壤有机质、减轻土壤水蚀，同时还可增加土壤生物和微生物的数量和活性，最终达到扩大土壤"水库"容量、增加土壤入渗能力、培肥地力，从而更有利于土壤物理质量的维持和提高，防治土壤质量退化，达到作物增产增收的目的。

（四）土壤植被类型多样

科尔沁沙地的土壤类型多样。受大的生物气候带的影响，除栗钙土外，还分布有褐土、栗褐土、黑钙土等多种显域性土壤；在隐域因素（地势、成土母质、地下水）影响下，分布有风沙土、灰色草甸土、盐碱土等多种隐域性土壤。科尔沁沙地由于自然条件的复杂性，形成了榆树疏林、蒙古栎疏林、差巴嘎蒿多样性群落草原，构成科尔沁沙地的景观特色。这为发展生物多样性生态建设奠定了的基础。黑果枸杞秸秆营养钵栽培技术可适应逆境土壤的开发利用。

科尔沁沙地传统的生产力方式是农牧结合、半农半牧的形式，传统的农作物以玉米、小麦、水稻、高粱、荞麦、谷子等为主。近年来，由于人口激增和生存压力的加大，大面积的草地和沙丘被开垦成为农田，主要种植高产型农作物——玉米。其种植面积和产量逐年增加，大量的玉米秸秆无法正常还田或被合理利用，焚烧秸秆成了最直接的处理方式，造成了严重的环境污染。传统的畜牧业以家庭放牧为主，然而，围封禁牧政策的强制实施使以家庭为单元的放牧模式规模大大缩减，以大规模圈养形式代替。圈养模式在增加农牧民收入的同时可以减轻牛羊等牲畜对草场的破坏，具有很好的生态效果。然而，大规模圈养后的牲畜粪便会大量堆积，如果处理不当，可能造成土壤和水体污染。以地处科尔沁沙地的内蒙古通辽市为例，每年产生玉米秸秆约 500 万 t，牛羊粪便约 700 万 t。而且其产量在逐年增长。在发展农牧业的同时，如何快速、环保的处理玉米秸秆和牲畜粪便等农牧业冗余物已经成为通辽市面临的一大难题。

本研究针对科尔沁沙地沙漠化土地不易恢复、农牧业规模化生产中产生的农牧业冗余物处理不当引起环境污染等重大生态和经济问题，利用微生物定向培养技术，将具有一定保水性、透气性和黏性的秸秆营养钵应用在沙地修复中，既可以将秸秆资源充分利用，还可以防风固沙。

（五）频繁的人类活动

科尔沁沙地，是一块位于内蒙古东部西辽河中下游赤峰市和通辽市附近的沙地，面积大约 5.06 万 km²，是中国最大的沙地，主要位于内蒙古通辽地区，是我国沙漠化最为严重的地区之一。区域内的主要河流为西拉木伦河和老哈河等。

科尔沁沙地位于大兴安岭和冀北山地之间的三角地带。地势是南北高，中部低；西部高，东部低。西辽河水系贯其中。地貌最显著的特点是沙层有广泛的覆盖，丘间平地开阔，形成了坨甸相间的地形组合，当地人称它为"坨甸地"。沙丘多是西北—东南走向的垄岗状，在沙岗上广泛分布着沙地榆树疏林。西辽河上游老哈河流域还有沙黄土堆积，植被以虎榛子灌丛和油松人工林为主。科尔沁沙地西部翁牛特旗松树山及附近沙地分布有油松林，沙地东南部大青沟内分布有水曲柳林。

　　曾经草茂水美的科尔沁大草原，孕育了西拉木伦河流域灿烂的红山文化。而今，昔日的科尔沁大草原已经变成了科尔沁沙地，沙化的土地已经占到了草原总面积的50%以上（图1-2、图1-3）。

图1-2　科尔沁沙地秋季景观

图1-3　科尔沁沙地夏季景观

　　科尔沁的名称由来已久，人类的文明可追溯到商、周以前。早在5 000多年以前，辽河流域的科尔沁大地已经孕育出了高度的人类文明，与黄河流域的仰韶文化南北遥相互映，托起了最早的人类文明曙光。东胡、乌桓、鲜卑、柔然、敕勒、突厥、契丹、库莫溪、女真等相继登上历史舞台，活跃在科尔沁草原上，并由此内迁或入主中原，创造了一个又一个灿烂的文明和历史。元代，蒙古族人彻底控制了科尔沁草原，并创建了强大的元王朝。

　　历史上的科尔沁大草原东起嫩江、伊敏河，北及蒙古高原东南部，南至辽河、柳河、大凌河流域，西至西拉木伦河、老哈河流域，面积 45 万~60 万 km²，现在已不复存在。今天的科尔沁草原又称科尔沁沙地，处于西拉木伦河西岸和老哈河之间的三角地带，西高东低，绵亘 400 多 km，面积约 5 万 km²。属赤峰市的翁牛特旗、敖汉旗与通辽市的开鲁县、科尔沁左翼后旗、奈曼旗、库伦旗辖区，是一个以蒙古族为主体，汉族为多数的多民族聚居区。

　　科尔沁沙地的主体曾经是水草丰茂的科尔沁大草原，在历史上是一个传统的畜牧区，河川众多、牛羊肥壮。但到了 19 世纪后期，因滥垦沙质草地，砍伐森林，超载放牧，赤峰以北已成茫茫沙地。由于人类对草原的不合理利用，甸子地不断缩小，坨子地扩大，加上气候干旱，沙化面积急剧增加，最终形成了大片沙地（图 1-4、图 1-5）。

图 1-4　沙地危及水域

　　今天的科尔沁沙地贯穿于内蒙古、吉林和辽宁省，是我国四大沙地之一。沙区土地面积 12 万 km²，其中沙地面积 5.2 万 km²。而内蒙古就有 4.78 万 km²，占科尔沁沙地 92%。科尔沁沙地虽然有西拉木伦河、老哈河等河流穿梭而过，并有众多支流犬牙交错，对沙地的生态环境起到了一定的涵养作用，但目前仍以每年 1.9% 速度在发展扩大。虽然政府采取了积极措施，然而治沙效果并不明显。通辽市是科尔沁沙地主体地区，也是全国土地沙化最严重的地区之一，科尔沁沙地南端距沈阳市中心仅 12km。

　　在科尔沁广袤的沙地，存在着许多大大小小的沙漠地貌。主要有奈曼沙

图1-5　沙化危及农田

漠、包古图沙漠、勃隆克沙漠、塔敏查干沙漠等。还有一些不知名的小沙漠，因为临近某个村庄或小镇，就以行政区划地名而命名了，如白音他拉沙漠。

西拉木伦河流域草丰水美，孕育了辽阔美丽的科尔沁大草原，使这里成了中国史前文化的重要发祥地之一，著名的红山文化即发端于此。

红山文化遗址因1921年最先发现于赤峰东北部的红山（海拔522m）后面而得名。红山文化距今五六千年，延续时间长达两千多年，以西拉木伦河、老哈河、大凌河流域为中心，北起内蒙古赤峰，南至辽宁朝阳、凌源、河北北部，东至内蒙古通辽、辽宁锦州地区，分布面积达20万km²，处于母系氏族社会的全盛时期。20世纪70年代在辽西地区陆续发现并挖掘了近千处遗址，1954年命名为红山文化。

距今五六千年的新石器时期，勤劳勇敢的红山先民，在这块古老神奇的土地上创造出了比黄河、长江流域等远古文化更加领先一步的原始文明。可以当之无愧地说，红山文化是中国北方人类文明的滥觞和摇篮，是中华文明发端的曙光。

西拉木伦河是中华大地上最早发生的文明，是中华文明的曙光，比黄河、长江流域的人类文明早了1 000年。然而，就是这条让世界惊艳的"祖母河"，由于生态环境的日益恶化，流域萎缩、流量锐减。

科尔沁沙地主要处在农牧交错带，它的形成有3个自然方面的原因：生态环境脆弱、土壤机制不稳定，风势强劲。而且风的作用和干旱季节是同期的。在科尔沁地区，以草地畜牧业为主的，植被是处于逐渐恢复的状态；而以种植业生产为主的，环境总是趋于恶化，沙漠化急剧发展（图1-6）。

图1-6 沙化加剧

科尔沁沙地原来是科尔沁草原，由于人们超载放牧，加上气候干旱，使得 草原演变成了沙地。在嘎达梅林"抗垦"前后，科尔沁草原就"出荒"11次。今天大部分草原都已沙化，成为科尔沁沙地，属正在发展的沙漠化土地，以风蚀沙地半固定状态为主。有些时期以人为因素为主，是由人的破坏造成的，也就是人们违背自然条件盲目开发造成的。

科尔沁沙地系半干旱地带的温带疏林草原，属森林草原与干旱草原的过渡带，土质属于松散的沙性土壤，在天然植被的调节下，保持沙地生态系统相对平衡状态，自然环境不会产生剧烈的退化，然而一旦人为地过度干扰，沙性土壤潜在的自然因素便会激化与活化，从而产生土地沙漠化。科尔沁沙地的变迁史告诉人们，不科学地对待自然．盲目地去开发，会造成土地的沙漠化；过度开发利用土地资源也会造成土地沙漠化。过度垦荒耕种是土地沙化最重要的原因。

国内外无数经验证实，开发过程，在很多地区是导致沙漠化的重要原因之一，但开发与沙漠化并非孪生兄弟，其间并不存在必然的因果关系。苏联在20世纪50年代的垦荒，曾造成严重问题，但随之投入巨大力量而制止了环境恶化，问题在于开发与补给的背离。在半干旱地区，无论是沙荒地还是天然牧场，如果没有补偿措施，一经开垦土地即沙漠化，1958—1973年，内蒙古曾经两次开荒，最终造成133.3万 hm² 土地沙漠化。科尔沁沙地因乱开荒造成84万 hm² 土地沙漠化；过度放牧和采樵也造成草场退化、沙化，植物遭到破坏，科尔沁沙地 89.8 万 hm² 土地因此而变成了沙漠。从古到今，科尔沁沙地的变迁史，给今人提供了许多经验教训，从中可以得到启悟（图1-7、图1-8）。

图1-7　沙障治沙措施

图1-8　过牧沙化

通辽市依托"三北"防护林、防沙治沙、退耕还林等国家重点生态建设项目，在全市开展生态建设精品工程、双百万亩造林示范工程等一系列防沙治沙重点工程，同时还在沙区实施了阶段性禁牧政策、退耕还林还牧、围封和人工种植优良牧草等政策，近年来，科尔沁沙地每年绿化面积大于沙化面积约75万亩，使科尔沁沙地在全国四大沙地中率先实现了治理速度大于沙化速度的良性逆转。昔日茫茫的沙海变成了片片绿洲，当地环境和小气候的良性变化让科尔沁沙地腹地的居民们搞起了特色沙地葡萄、紫花苜蓿、沙地水稻、肉牛饲养等种植业和畜牧业等多种经营，依托沙地小环境走上致富路。

历史上的科尔沁曾经水草丰美，但 20 世纪 50 年代末到 20 世纪 80 年代末，科尔沁草原沙化面积就从 20% 发展到了 77.6%，水源涵养能力降低，气候调节能力下降，生态环境脆弱。

党的十八大以来，内蒙古各级党委、政府积极防沙治沙、保护生态、发展林沙产业、改善民生，通过一系列生态建设工程使科尔沁沙地在全国四大沙地中率先实现了整体治理速度大于破坏速度的良性逆转，荒漠化和沙化面积呈现双缩减趋势，实现了"整体遏制、局部好转"。

据了解，民进中央多年来持续关注并全力推动科尔沁沙地综合治理，曾多次实地调研并提出相关提案。2018 年全国两会上，民进中央提交了"建议从国家层面对科尔沁沙地治理进行统筹规划"的提案。

随着人口的增加和工农业生产、交通的发展，使科尔沁沙地干旱、水灾发生频繁，地下水位下降，环境趋于旱生化趋势；人类不合理的活动，风沙肆虐，农田沙化，植被破坏草场退化，给农牧民的生产及生活带来极大的危害。这迫使我们必须防风固沙，进行生态建设；必须进行产业调整，发展节水大农业。黑果枸杞秸秆营养钵栽培技术符合科尔沁沙地的产业发展方向。

从 2014 年通辽市启动实施科尔沁沙地"双千万亩"综合治理工程以来，已完成治理任务 1 416 万亩。目前通辽市沙化土地面积逐年缩减，沙区植被盖度明显增加，沙区民众生产生活环境得到了很大改善，个别地方还成了旅游景点。

在此背景下，通辽市政府持续发力治理科尔沁沙地，进行下一个"双千万亩"三年计划。2018—2020 年，用 3 年时间再完成科尔沁沙地综合治理 1 000 万亩，同时在条件较好的沙地上，大力营造经济林、防护林。

通辽市还将结合中国新一轮退耕还林工程和森林资源清查整顿工作的契机，在科尔沁沙地发展果树经济林。

第二章 黑果枸杞生物学特性及逆境适应性

黑果枸杞（学名 *Lycium ruthenicum* Murr.）是茄科枸杞属多年生灌木。黑果枸杞药食兼得，同时又是可降低盐碱化的特殊植物，在旱区作为主要植被，有固沙护水的功能；果实中含有的大量糖、黄酮等有效物质可对人体起到保健作用，素有"软黄金"之称；色素着色力强，无毒性，可替代人工色素用于医药、饮料及食品行业。黑果枸杞生态价值、药用价值、经济价值相当可观。

第一节 黑果枸杞生物学特性

黑果枸杞为茄科枸杞属多棘刺灌木，高 20~150cm，主干白色，具不规则纵裂纹。多分枝，当年生分枝浅绿色，较软，木质化后成白色，坚硬，具不规则纵裂纹。小枝顶端渐尖成棘刺状，分枝上刺长 4~18mm，且与花、叶或叶同时簇生。叶子 3~10 枚簇生于分枝棘刺两侧，绿色，近无柄，肥厚肉质，叶表附蜡质膜，在老枝和木质化分枝上呈棒状，直径为 1~3mm，长 5~35mm，当年生分枝上为条形或条状倒披针形，长 4~17mm，宽 1~3mm，叶缘全缘，中脉稍明显。双被花，1~6 朵着生于分枝上；花萼狭钟状，不规则 2~5 浅裂，裂片膜质；花蕾初生为绿色，随着生长轻附淡紫色，初开花冠深紫色，随着开放，转淡至淡紫色至白色；合瓣花冠，漏斗状，长 5.5~13mm，花冠幅 6~9.5mm，5~6 浅裂，裂深 2~4mm，约为筒部的 1/3~1/2，筒部向檐部稍扩大，筒部有紫色纹理；雄蕊着生于花冠筒中部，稍伸出花冠，花丝 5 个，基部稍上处有绒毛；花药黄色，长 1~3.5mm；花柱伸出花冠，等高或略高于雄蕊，柱头绿色。浆果黑色，蟠桃形。种子肾形，褐色，长 1.5mm，宽 2mm，千粒重 1.0g。花果期 7—10 月中旬（祁银燕，2018）。

（一）根

黑果枸杞种苗的根为直根系，主根肥厚，白色，根毛清晰可见（图2-1），有侧根产生，暂未形成根蘖；日光温室人工驯化栽培后，黑果枸杞主根退化，发生的侧根形成大量水平侧根，水平根上因季节形成根蘖点，为典型的根蘖型根系，与野生黑果枸杞主根明显侧根稀少形成鲜明对比（乔梅梅，2017）。

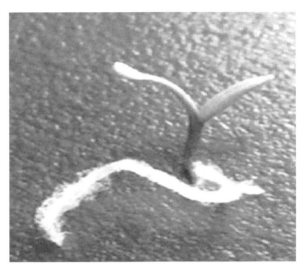

图2-1 黑果枸杞种子发芽形成根

（二）茎

黑果枸杞茎圆柱形。一年生茎颜色抽生时的浅紫逐渐转变为青色直至白色为止，有少量不规则纵条纹且条纹颜色较浅，节间缩短为 0.5~2cm，每节长有 0.3~1.5cm 的短棘刺，短棘刺颜色由青色变为白色；两年生茎颜色为白色或灰白色，不规则纵条纹较多且颜色较深，节间缩短较一年生茎更短，呈"之"字形曲折，短棘刺分布更密集、坚硬。

黑果枸杞水平枝的分枝能力强，分枝较多，茎上和根茎均可抽生短枝，短枝位于棘刺两侧，且幼枝上短枝数较少，短枝顶端形成棘刺，若茎匍匐，则短枝 90°且在同一面上抽生，若直立，则 30°~60°沿各个方向抽生，短枝顶端渐尖成棘刺状。一年生茎最大茎粗可达到 8.40mm，抽枝长度可达 160cm。

（三）叶

黑果枸杞子叶是一对无叶柄和托叶的披针形不完全叶。真叶随枝的生长年限和环境不同有明显变化，即黑果枸杞叶片具有明显的异形叶特征，表现出对外界环境变化极强的响应能力。一年生枝叶片大而薄，披针状居多，1~5 片叶子簇生于棘刺两侧，一般为单叶互生，棘刺正下方也有一片叶子，中脉较明显，长 2~3cm，宽 3~8mm；两年生枝叶片较小而厚，肉质，圆条状居多，少量狭披针形，5~6 片叶子簇生于棘刺两侧，棘刺正下方为一叶痕，顶端钝圆，稍向下弯曲，基部渐窄，中脉不明显，长 0.3~3cm，宽 0.3~3mm，二者均无叶柄和托叶。

黑果枸杞叶的横切面为椭圆形或圆形，表皮细胞呈方形或长方形，侧壁突起，有角质膜纹饰，气孔器下陷，有明显的孔下室。叶肉分化为栅栏组织和贮水组织两部分，栅栏组织细胞呈"环栅型"，沿上下表皮排列，约 2~3 层，叶脉维管束不发达，有一大的主脉位于中央的贮水组织之中或稍偏上表皮一侧，小叶脉维管束沿栅栏组织与贮水组织交界处呈不连续的圆环排列；其叶脉维管束和机械组织不发达（表 2-1）。

表 2-1 黑果枸杞叶的形态特征

叶	类型	叶序	叶形	叶尖	叶缘	叶中脉	托叶
子叶	一年生枝叶	对生 互生	披针形	渐尖	全缘	明显	无
真叶	多年生枝叶	簇生	圆形	钝形	全缘	不明显	无

（四）花

黑果枸杞花多为 1~3 朵、少数 7~13 朵簇生于棘刺两侧，花两性，花梗细瘦，长 0.5~1cm；花萼狭钟状，长 3~5mm，不规则 2~4 片浅裂，3 片居多，裂片边缘膜质化，果实稍膨大成半球状，包裹果实中下部，宿萼；合瓣花冠，漏斗状，紫色，筒部向檐部稍扩大，5 片浅裂，裂片矩圆状卵形，两侧稍向下弯曲，早落冠；雄蕊稍伸出花冠，生长在花冠筒中部，花丝离基部稍上和花冠内壁等高处均生有疏绒毛，颜色在现蕾初期为白色，现蕾期为紫色，花药着生方式为丁字着药或背着药，花丝长 3~8mm，花药长 2~3.2mm；柱头中部单侧向下凹陷，直径 1.0mm 左右，花柱直径 0.45mm 左右。花柱与雄蕊多数情况下等长，但外界环境变化可改变黑果枸杞花柱长短，明显形成长、中、短花柱（表 2-2、表 2-3）。

表 2-2　黑果枸杞花的形态结构

花的组成	花的性别	花梗	花萼	花冠
完全花	两性花	细瘦	合萼	漏斗状
雌蕊类型	花药着生方式	花药开裂类型	子房类型	胚胎类型
离生雄蕊	丁字药或背着药	纵裂	子房上位周位花	中轴胎座

表 2-3　黑果枸杞花开时的形态结构　　　　　（单位：mm）

雄蕊	花丝长	花药长	花柱长	平均花柱直径	平均柱头直径	平均子房直径
5 枚	3~8	2~3.2	3~8	0.45	1.0	1.3

（五）果

黑果枸杞果实为浆果，果实颜色由绿色逐渐变为紫红，再变黑色成熟，成熟时顶端稍向下凹陷，内含丰富的色素，最大单果质量重 0.816g。黑果枸杞种质资源丰富，果实形状有扁圆和圆球两种类型；果实颜色有紫色、黄色、白色、黑色和透明，其中黄色果植株形态更接近于红果枸杞。

（六）种　子

黑果枸杞种子小，坚硬，表面粗糙、凹凸不平，形状较多，但大多数为近肾形或不规则形，种皮颜色褐色或灰色，种子长 2mm，宽 1.5mm，有胚乳，胚小，白色，子叶 2 枚，千粒重 0.854g。黑果枸杞结实率多少在不同环境下存在较大差异，野生植株内含种子 49~50 粒，最少 9 粒，人工栽培种子数量减少，为 15~29 粒，最少 8 粒（表 2-4）。

表 2-4　黑果枸杞种子形态特征

种子长（mm）	种子宽（mm）	种子千粒质量（g）	种子形状	种子表面特征
2 060.331±60.057	1 520.220±25.028	0.854±0.022	近肾形或不规则形	表面凹凸不平

第二节　黑果枸杞的生长发育

一、生长发育时期

黑果枸杞生长周期约 180 天左右，生长发育时期包括：芽开放、展叶期、春梢生长期、老眼枝期、老眼枝果实形成期、老眼枝果成熟期、春梢开花期、夏果成熟期、秋梢生长期、秋梢开花期、秋果成熟期、落叶期。

芽开放：5月中上旬黑果枸杞开始萌芽，5月下旬进入芽开放盛期。

展叶期：5月底6月初为展叶期。

春梢生长期：6月上旬春梢开始生长。

老眼枝期：老眼枝在6月下旬开花。

老眼枝果实形成期：7月上旬末开始形成老眼枝果实。

老眼枝果成熟期：8月中旬老眼枝果实开始成熟，月底达成熟盛期，第一批果实采摘开始。

春梢开花期：黑果枸杞在6月底7月初春梢现蕾，7月中下旬春梢开花。

夏果成熟期：8月底夏果开始形成，9月底至10月上旬夏果成熟，第二批果实采摘开始。

秋梢生长期：8月上旬至中旬末柴达木黑果枸杞开始进入秋梢生长期。

秋梢开花期：9月下旬秋梢开花并达到盛期。

秋果成熟期：10月下旬秋果开始成熟，到10月底达到成熟盛期，此时秋果的采摘也开始进行。

落叶期：10月下旬进入秋季落叶期，至10月底或11月上旬落叶，结束其一年的生长（表2-5）（雷玉红，2018）。

表2-5　柴达木黑果枸杞各生长发育时期（月-日）

生长发育期	2015年	2016年	平均值
芽开放	5-16	5-6	5-11
展叶期	6-2	5-19	5-26
春梢生长始期	6-4	5-28	6-1
老眼枝开花期	6-22	6-15	6-19
老眼枝果实形成期	7-2	6-29	7-1
老眼枝果实成熟期	8-3	7-6	8-3
春梢现蕾期	7-1	6-24	7-2
春梢开花期	7-24	7-12	7-18
夏果形成期	8-3	7-2	8-1
夏果成熟期	9-4	8-3	9-2
秋梢生长期	8-2	7-11	7-31
秋梢开花期	9-15	8-14	8-3
秋果成熟期	10-28	10-10	10-19

（一）黑果枸杞花的开放过程

按其外部形态可以分为 5 个时期，具体如下。

1. 现蕾期

自叶腋产生绿色的幼小花蕾开始，到花蕾直径 1.4mm 左右，长 2.5mm 左右，花萼包被花冠，此时花冠颜色为青绿色，花药、柱头、子房已形成，但均呈透明状，生长期 5~7 天。

2. 幼蕾期

花蕾直径约为 2.5mm，长 5mm 时，花萼绿色，包住花瓣，花瓣淡上部颜色为淡紫色，花药乳白色长约 3mm，花丝长约 0.3mm，花柱长约 2.5mm，子房直径约为 1mm，柱头绿色，生长期约 10 天左右。

3. 露冠期

花萼开裂露出花冠到花冠松动前止，花冠伸出花萼，花瓣紫红色，花蕾长约 5.6mm，粗 2.5mm，花药和子房为乳白色，花粉为淡黄色，柱头墨绿色，上有白色黏结物质，生长期 2~4 天。

4. 开花期

自花瓣松动开始，到向外平展止，花冠裂片紫红色，约 2~6h。雄蕊呈 3+2 伸出冠筒，即先伸出 3 个，半小时左右在伸出 2 个；多数与雌蕊近等长，花药两纵裂，花粉淡黄色，大量散落；柱头头状，绿色，子房基部蜜腺丰富。

5. 谢花期

花瓣淡白色转变为深褐色；雄蕊干萎，后为淡褐色；柱头由墨绿色变为黑色，子房明显膨大，胚珠多数，白色。整个花冠干死脱落为期 2~3 天。

（二）黑果枸杞果实的生长

黑果枸杞果实从绿果到紫红果再到黑果成熟共需 32 天，其中从绿果到紫红果生长较慢，需 17 天；从紫红果到黑果成熟生长速度快，需 15 天。

二、黑果枸杞生长发育的影响因素

野生黑果枸杞对环境的适应能力很强，可以耐受高温 38.5℃，耐寒性也很强，甚至是−25.6℃下也未有冻害现象产生，耐干旱，在荒漠、戈壁、岩石缝隙等地仍能健康生长，但黑果枸杞抗涝性能很差，在积水处几乎不能生长存活。喜光，全光照下生长发育速度快，在遮阴情况下植株细弱，且极少有花果产生，耐盐碱能力强，能吸收根系周边盐分，对土壤无特殊要求，高山荒漠、盐化戈壁、河湖周边、干枯河床、路旁、田边、盐碱干旱地和荒地中均有生长，对盐碱土适应性很强。

黑果枸杞分布于高山沙林、盐化沙地、河湖沿岸、干河床、荒漠河岸林中，为我国西部特有的沙漠药用植物品种。野生的黑果枸杞适应性很强，能忍耐38.5℃高温，耐寒性亦很强，在-28℃下无冻害，耐干旱，在荒漠地仍能生长。是喜光树种，全光照下发育健壮，在庇荫下生长细弱，花果极少。对土壤要求不严，耐盐碱，耐干旱。

（一）温 度

温度是植物生长发育好坏的重要依据之一，而积温是明确作物生长发育速率与温度间关系的重要指标。年内气温的高低决定着积温的多少也直接决定着黑果枸杞发育期出现的时间，芽开放、展叶、落叶、休眠与≥10℃的有效积温关系密切，春梢生长、开花、果熟与≥15℃有效积温关系密切。

黑果枸杞整个发育期日平均气温在10℃的有效积温高，生长周期长，容易获得高产；而温差也起重要作用，春梢开始生长—老眼枝果实形成成熟—夏果形成期的6月上旬至7月上旬至8月下旬，温差达到20℃左右；秋梢开花—秋果成熟期9月中旬至10月中旬，随着秋季气温下降，温差在5~10℃。日夜温差小，呼吸、蒸腾强度大，有效积累偏少；日夜温差大，有效积累多，容易获得高产。

由表2-6、表2-7和表2-8可知，当平均气温为17.2℃，平均地温为15.6℃，累计积温达241.4℃，土壤积温达218.4℃时，移栽后的黑果枸杞开始发芽，进入营养生长阶段；当平均气温和地温分别为20.7℃和19.8℃，累计积温达330.8℃和317.4℃时，黑果枸杞进入开花期；黑果枸杞从到果实成熟积温需871.0℃。而当连续5天平均气温为5.7℃，平均地温为9.0℃，累计积温只有40.1℃和62.7℃时，黑果枸杞生长停止，进入休眠阶段。

表2-6 黑果枸杞不同生育阶段所需积温

生育期	时间（年-月-日）	天数（d）	积温（℃）	土壤积温（℃）
移栽—发芽	2016-4-22—2016-5-5	14	241.4	218.4
发芽—开花	2016-5-6—2016-5-21	16	330.8	317.4
开花—坐果	2016-5-22—2016-5-23	2	43.4	42.8
坐果—转色	2016-5-24—2016-6-10	18	491.5	412.2
转色—成熟	2016-6-11—2016-6-25	15	379.5	343.5

（续表）

生育期	时间（年－月－日）	天数 （d）	积温 （℃）	土壤积温 （℃）
落叶	2016-10-16—2016-10-23	7	40.1	62.7

表 2-7 黑果枸杞不同生育阶段与温度的关系

温度（℃）	移栽—发芽	发芽—开花	开花—坐果	坐果—转色	转色—成熟	落叶
平均气温	17.2	20.7	21.7	27.3	25.3	5.7
平均最高气温	42.7	48.5	46.0	53.6	49.4	21.2
平均最低气温	7.5	5.7	7.6	7.9	13.7	1.0

表 2-8 黑果枸杞不同生育阶段与地温的关系

温度（℃）	移栽—发芽	发芽—开花	开花—坐果	坐果—转色	转色—成熟	落叶
平均地温	15.6	19.8	21.4	22.9	22.9	9.0
平均最高地温	23.5	28.2	27.6	31.0	32.2	14.6
平均最低地温	9.7	10.9	16.8	13.0	16.9	6.2

黑果枸杞耐寒性强，能适应温差较大的气候环境。冬季，绝对低温在 $-40\sim-38℃$ 的地区能安全越冬。

（二）光 照

黑果枸杞是喜阳植物，光照强弱和日照长短直接影响光合产物，影响黑果枸杞树的生长发育。根据观测被遮阴的黑果枸杞树比在正常日照条件下的黑果枸杞树生长发育慢，枝条细弱，发枝力弱，枝条寿命短，结果差，果实个头小，产量低。有研究表明，当光合有效辐射为 $25\mu mol/m^2 s$ 时，黑果枸杞叶片光合作用开始，净光合速率升高；当光合有效辐射为 $54\mu mol/m^2 s$ 时，光合速率等于呼吸速率。

（三）土 壤

黑果枸杞繁殖力较强。果实成熟后能长时间保存在株丛上，经动物携带游走撒播、繁殖；其嫩枝经沙土覆盖后在适宜的条件下也能生出新根，长出新株。黑果枸杞的分蘖力和再生性较强。它的根在砂砾质荒漠土、盐化沙土、盐化灰钙土、盐化原始草甸土、盐化黏土等，土壤 pH 值为 7.8～9.2 的土壤上均能正常生长。

黑果枸杞耐盐碱性很强。在格尔木地区，黑果枸杞在土壤全盐量达12%~16%的盐化荒漠上能生长；在诺木洪地区，30cm土层以下具有20~30cm坚硬盐结核的荒漠盐土上，可形成大面积的黑果枸杞灌丛。

黑果枸杞具有良好的抗风固沙性能，颇耐沙埋。在1m高左右固定沙丘，被沙埋的茎枝能生出不定根，长出新枝或新株。黑果枸杞喜生于荒漠草原、草原化荒漠和荒漠地区的盐湖、盐池、盐沼和河流、沟渠的外围或两侧较高的地段。也常生长于半固定沙丘的下部或覆沙的丘间低地、路旁、田埂等处。

（四）水 分

黑果枸杞是一种耐干旱的植物，其叶片肉质化、银白色的茎、枝易于抗强光照射和保水；黑果枸杞根系发达，庞大、深达1.5m以下的根系有利于保持水分，并能充分利用土壤中和地下水，以适应荒漠气候的干旱生境，加上其植株矮小、叶面短窄，耐旱能力很强，在生长发育进程中消耗水分较少。因此，在降水量50mm以下、空气相对湿度仅5%~30%、年蒸发量超过降水量百倍以上的荒漠地区仍能生长发育。黑果枸杞虽然耐旱，但在排水条件好、土壤水肥条件充足的地段，生长发育得更好，株高可达2~2.5m。

三、黑果枸杞的分布

黑果枸杞在俄罗斯、欧洲东南部的部分地区、高加索和中亚部分、蒙古国和地中海沿岸的北非和南欧各国均有分布，但面积较少，在中亚地区，如中国、巴基斯坦、印度等国家生长面积较广。《中国植物志》中提到：黑果枸杞在陕西北部的黄土高原、宁夏回族自治区（以下简称宁夏）、甘肃、青海、内蒙古自治区（以下简称内蒙古）、新疆维吾尔自治区（以下简称新疆）和西藏等地区均有分布。新疆和青海生长面积较大，青海柴达木地区海西蒙古族藏族自治州，新疆的昌吉回族自治州、哈密、巴音郭楞蒙古族自治州、阿克苏、阿拉尔、喀什、和田，甘肃河西走廊地区嘉峪关、酒泉、张掖、武威、金昌，宁夏中卫、银川、石嘴山，以及内蒙古阿拉善盟、巴彦淖尔等地区（图2-2）。

（主要分布在新疆、青海、甘肃、宁夏及内蒙古西部，斜线代表连片分布区）黑果枸杞全球分布没有明显的地域特点，属于典型的亚热带气候，属副热带高压带控制的干旱区，冬温夏热、四季分明，降水丰沛，季节分配比较均匀。全年季节温度变化是限制黑果枸杞的主要因素，变化越小，越适宜黑果枸杞生长。黑果枸杞适宜生长在降水量较少、降水量季节性变化较小的地方。黑果枸杞在 0~4 000m 海拔内均匀分布。

我国黑果枸杞生境主要为盐碱化沙地、荒地，戈壁滩，干河床、渠路边，生态系统主要是属于荒漠生态系统。分布的海拔北疆最低，其余地区海拔均高于 1 000m，青海的最高，平均海拔达 2 850m。调查表明，黑果枸杞属于喜光、耐寒耐旱、耐盐碱植物，生长地区年均气温、年均降水、年均湿度均较低，年均日照时数超过 2 500h，辐射强烈，土壤较为贫瘠，主要为荒漠盐碱土。

第三节 黑果枸杞的抗逆性

一、植物的抗逆性

（一）耐盐性

1. 盐对植物的危害

植物对盐响应最敏感的生理过程是生长抑制。一般情况下，植物的地上部分和地下部分的敏感程度不同，地上部分比地下部分要敏感，地上部分受到的伤害程度要大，生长下降明显。盐害可分为直接盐害和次生盐害，主要表现为 3 个方面：生理干旱、有毒物质的积累和生理代谢紊乱。

（1）生理干旱

土壤中盐分过多，则会打破植物细胞的渗透势平衡，土壤溶液渗透势降低，植物细胞膜受到一定损伤，质膜中的组分、透性、运输、离子流率等受到影响从而损害了膜的正常生理功能，造成植物吸收水分困难，从而形成生理干旱。生理干旱导致植物生长速率下降，严重的则会导致植物死亡。

（2）有毒物质的积累

由于质膜的破坏，导致盐分吸收过多而影响了其他有利于植物生长的物质吸收，以及导致一些营养元素如磷，有机溶剂的外渗。诸多原因使植物体内植物营养元素的种类发生改变，造成植物组织变黑坏死，植物的某些合成代谢受到抑制，从而影响植物的正常生长发育等。

（3）生理代谢紊乱

盐胁迫影响了膜透性和膜结合酶类的活性，导致一系列的代谢失调：光合作用和呼吸作用盐分胁迫导致植物组织吸水困难，气孔关闭，影响植物进行光合作用的吸收，光合速率下降。而盐胁迫下植物的呼吸强度增大，呼吸消耗量增多，又因为光合速率下降，所以净光合速率降低，由此对植物的生长很不利。同时与光合作用的有关的羧化酶和羧化酶活性降低，从而影响了叶绿体内蛋白质的合成，削弱了其与叶绿体的结合，叶绿素破坏，而引起叶绿体受损，也影响植物的正常生长。蛋白质合成盐分过多影响蛋白质的合成，促进蛋白质的分解，可能原因是盐胁迫下氨基酸的合成被破坏了有毒物质盐胁迫导致植物体内有毒代谢产物的积累，使得体内营养元素和有用物质的积累失衡，如蛋白质分解产物游离的氨基酸、胺、氨等不能排出体外，造成有毒物质的积累，产生一定的次生毒害，影响了植物的正常生长发育。

2. 植物耐盐机理

土壤盐碱化，是世界性的生态和资源问题。大量的盐碱化土地严重制约了农业的发展，影响了植物的正常生长。盐碱化土壤中离子的化学性质制约了植物的正常生理过程，如光合作用、呼吸作用、蛋白质合成、能量代谢、在生长过程中吸取不到充足的水分等。植物从土壤中吸收水分，主要依靠渗透压，盐分含量高的土壤渗透压大，植物很难从土壤中吸取水分，轻则导致植物萎蔫失水、气孔变小、缺素症，重则导致植物死亡；盐碱胁迫还会增加抑制植物生长离子的数量，如钠离子、氯离子、钾离子、碳酸根离子等，当植物在受到盐碱胁迫后会加速上述离子在体内的数量，当数量超过一定限度就会造成离子毒害。

植物的抗盐机理就是植物需要适应高浓度盐的胁迫，保证自身能够在逆境中存活，即植物不仅要在低水势的环境中同时获取充足的水分和养分，还要在胁迫环境中进行正常的生物量分配和生长发育。植物的抗盐机理包含3个方面：逃避盐害、缓解盐害、忍受盐害。

（1）逃避盐害

即植物通过降低体内盐类的积累达到避免盐类危害的目的。是植物依靠细胞对盐的不透性拒绝盐的进入来适应盐渍化环境。质膜透性影响盐分的进入，盐的浓度越高膜的透性越大，细胞的渗透势不平衡，则会造成植物伤害。一般都利用可溶性溶质来降低胞内渗透势。如脯氨酸、甜菜碱和可溶性糖等。

（2）缓解盐害

缓解包括固定、稀释、泌盐、化学去活作用等几种形式。固定指盐分会选择性的固定在植物的某个不影响或对植物正常生长发育影响较小的组织或器官上。通常植物会将盐分转移至远离同化器官如根部或是即将脱落的老叶上，这样老叶脱落后就会将这一部分盐带走，避免体内更多盐分的积累。化学去活作用指植物的一种自我保护机制，当受到过量的盐分危害时，植物的根部就会形成有机酸和氨基酸等，这些分泌物会与土壤中的其他离子发生反应，避免受到离子的毒害作用，保证植物正常生长。稀释作用指植物通过细胞薄壁组织的增生，加厚叶或茎的组织结构，增强其吸水储水能力，当受到过量盐分侵害时，细胞内的水分会稀释这些盐，使盐浓度降低从而进行正常的生命活动。泌盐作用指植物通过拒绝过量的盐分进入体内，同时将体内的盐转移至茎、叶表面，通过雨水、浇灌等方式从体内转移出去，保证体内的盐分一直保持在有利于植物生长的浓度范围内。

（3）忍受盐害

指通过生理调节和代谢适应，忍受已存在体内的盐分。另外，植物细胞中还存在一种关键且不可或缺的因素，那就是植物细胞可以将盐分区隔化分布，即是当盐分进入植物细胞中，通过细胞中一种的反向运输蛋白将盐分运输到液泡中，使盐分集中到液泡中，这样植物细胞中的其他部分避免了盐分的毒害，而集聚于液泡中的盐分又使液泡与外界的渗透势发生变化，促使液泡内的渗透势降低，使水分进入液泡，起到了渗透调节作用。这样植物细胞可以保持细胞质中正常的盐分浓度，避免了质膜的伤害导致的膜质增大渗透势失衡以及生物酶的活性，从而保持植物的正常生长，又通过水分的进入起到了渗透调节的双重作用。

3. 盐胁迫对植物影响

研究植物的耐盐机理，目的就是要探讨植物在高盐浓度的环境下如何既可以从低水势的介质中获取水分和养分，又不影响本身的代谢和生长发育。

酶促抗氧化清除途径主要包括过氧化氢酶（CAT）、超氧化物歧化酶（SOD）、过氧化物酶（POD）、抗坏血酸过氧化物酶（APX）、谷胱甘肽还原酶（GR）等；非酶促清除途径中参与 ROS 清除的主要有抗坏血酸、谷胱甘肽和 α-生育酚等抗氧化小分子物质。当植物处于胁迫条件下活性氧、自由基水平升高，有可能打破上述动态平衡，造成植物体内脂质过氧化与细胞膜系统的破坏。

（1）盐胁迫对种子萌发的影响

种子萌发是植物生命周期中最脆弱的时期，在此期间，外界环境的变化会直接干扰种子萌发的各项生理活动，使生长发育受到不同程度的影响，而盐胁迫就是影响种子萌发的重要因素之一。盐胁迫会抑制种子的萌发，且浓度越高，抑制作用越强。根据植物对盐的忍受程度将植物分为盐生植物和非盐生植物，通常情况下，非盐生植物在遇到盐碱胁迫后植物生长会受到不同程度的抑制，而盐生植物恰巧相反，适度的盐分不仅不会影响生长，反而还会起到促进作用，只有当盐分浓度超过其耐盐临界浓度才会起到抑制作用。Munns（2002）的研究结果表明，黑果枸杞为盐生植物，耐盐能力很强，适宜的盐分浓度有利于种子的萌发。梁云媚等（1998）对杂花、秘鲁、Rs、龙牧4种苜蓿研究也得到了相同的结论：低的盐浓度对种子萌发有促进作用，但随着盐浓度的增加，发芽率降低。

（2）盐碱胁迫对幼苗生长的影响

盐分会抑制植物的生长发育，但是一些植物在盐环境中依然能够正常生长，即表现出一定的耐盐性。植物的耐盐性是植物在盐胁迫下能够维持生长，并且形成经济产量或者完成生活史的能力。通过对植物的生长形态指标及其成活率进行测定，可对植物耐盐能力的强弱进行评价比较，因为它是植物体内多种生理机制的综合表现。植物在受到盐碱胁迫后，植物的组织和器官生长会受到明显抑制，幼苗无法进行正常的细胞分化，植株瘦弱矮小，发育进程缓慢。苗期植物依旧处于生命史中的脆弱时期，此时期盐碱胁迫会对幼苗的株高、茎粗、根长、生物量的积累与分配产生影响，幼苗积累的营养物质数量直接影响后期对生态环境的适应能力。

（二）抗寒性

1. 低温对植物的危害

低温会严重影响植物的正常生长发育，从而导致引种栽培受到限制。当植物受到低温胁迫时，其自我保护机制便会发挥作用，通过调节自身的生长代谢以适应外界的胁迫环境。大量研究结果表明，低温是导致植物间隙结冰最终引起植物死亡的原因。根据低温对植物生长造成的影响，可分为冻害和冷害。

（1）冻害

冻害是指植物遇到0℃以下的低温或剧烈变温或较长期处在0℃以下的低温环境中，造成的植物冰冻受害的现象。冻害伤害植物细胞的主要因素有

3 个方面：一是冻害使细胞膜受损，从而降低了细胞膜的活性，细胞膜由液态变为了凝胶态。二是细胞内的水分由液态变为了固态，细胞严重受损，无法进行正常的生命活动，最终死亡。三是细胞间隙内水分结冰，导致细胞内的水分无法正常流通，大量外渗，细胞渗透压失衡造成伤害。

（2）冷　害

冷害是指在 0℃以上的低温条件下，对喜温果树造成的伤害。由于冷害是在 0℃以上低温时出现，所以受害组织无结冰表现，其主要发生在果树生长期间，会引起果树生长发育延缓，生殖生理机能受损，生理代谢阻滞。

2. 植物抗寒机理

抗寒性是植物对外界低温环境的抵抗能力，也是适应外界胁迫环境的遗传特性，是植物抗冷性和抗冻性的统一。抗寒性状是植物承受低温胁迫的重要性状，它直接影响植物的地域分布。因此抗寒性状的研究对植物抗寒育种和向北推广都有重要的现实意义。因此，鉴定、评价及培育抗寒性强的果树，扩大优质栽培种的种植范围，就显得尤为重要。一直以来，大量的国内外学者对果树抗寒性状的筛选，抗寒性的评价，抗寒优势种的推广、培育，果树的抗寒机理及抗寒性遗传方面做了大量工作，这些探索的过程不仅在基础理论上对接下来的研究具有重要意义，同时还会对果树的引种、栽培及进一步推广提供参考价值。

植物抵御冻害的途径主要包括两个方面：一是避免细胞内冰核的形成同时阻止冰核的生长；二是维持细胞膜的结构稳定性和蛋白质核酸的生物活性。

（1）避免细胞内冰核的形成同时阻止冰核的生长

植物在受到冻害后水分在组织内的移动、细胞膜为适应逆境所产生的变化及抗冻基因的调控与表达得到了广泛的关注。植物受到低温胁迫后，组织内细胞结冰，不同程度地破坏了植物的细胞膜结构，对细胞造成了致死性的损伤。因此，防止细胞受到结冰后冰晶的伤害对细胞抗冻而言是至关重要的。Kang 等（1998）研究结果表明，落叶果树在降温过程中，芽原基及周围组织内的水分移动，会随树种的运动情况跟随着发生改变。苹果、梨和桃的花原基内的水分会向周围的组织移动，通过周围组织的结冰避免花原基受到伤害。葡萄和柿中却并未观察到有水分移动的现象，说明果树的抗冻机制因树种的不同而存在显著差异。冰核的形成受内因和外因的双重影响。一旦组织内冰核形成，冰核扩增的阻遏物和通道将会直接影响接下来是忍受胞内结冰还是通过深过冷来避免胞内结冰。内因由一些阻遏物的存在时期及特定的生长发育阶段来决定，外因是冰核的扩增需要足够大的气孔开口度、表皮裂缝、伤口、空隙及外部冰源可以通过的通道，冰在表皮下的气孔下腔的形成过程可以通过显微镜观察到。Beth 等（1999）研究结果发现，使用红外录像自动温计器，观察蔓越橘茎、叶中冰形成的初始部位及扩增方向和变化速率，发现只有冰在叶片背面上形成时才会结冰，通常冰形成后不仅仅只停留在这一部位，会迅速转移并增殖至茎和其他叶片，对植物造成伤害。

（2）维持细胞膜的结构稳定性和蛋白质核酸的生物活性

过冷是指温度降到冰点以下液体不结冰的现象，这是植物组织受到低温胁迫后产生的抗冻机制。有些温带树木花芽的深过冷与休眠时期的细胞形状、结构以及缺失的一种导管有关。近年来大量研究证明，生物膜、细胞器结构与功能与植物的抗寒性密切相关。生物膜系（质膜、叶绿体膜、线粒体及液泡膜等）的稳定性与植物抗寒性呈正相关，其稳定性受细胞形态变化、结构状态的影响，从而对植物抗寒性产生影响。质膜被认为是冰冻损伤的初始位点，通过电镜观察发现，质膜在秋冬的低温锻炼中，形态结构改变，内陷、呈波浪状。生物膜系在稳定状态下，细胞的结构都处于有序状态，使植物能够进行正常的生长发育、代谢，保证物质的运输、信息的传递与表达等生理活动能够正常进行。

3. 植物的抗寒机制

（1）低温胁迫下细胞电解质渗出率的变化

研究表明，植物在经过低温处理后，细胞膜透性会发生不同程度的改变，大量的离子向外渗出，抗寒性的强弱与植物的细胞膜透性呈负相关。即抗寒性强或受冻害程度轻的品种，其细胞膜透性较小且渗透性的变化可逆转，在冻害程度减弱时可以恢复到之前的状态，反之，抗寒性弱的品种渗透性的变化是不可逆的，当受冻害达到一定程度时，植物无法忍受，最终导致死亡。

李凯（2015）等研究结果表明，以 7 个葡萄品种枝条为试验材料，在 $-27 \sim 4\,^{\circ}\!C$ 低温处理下测定各葡萄品种的抗寒性，发现 7 个葡萄品种的相对电导率均随着处理温度的降低而升高，$4\,^{\circ}\!C$ 处理时，7 个品种的相对电导率最低且差异不显著，$-27\,^{\circ}\!C$ 处理时，相对电导率最大且品种间差异显著，抗寒性较强的品种'夏黑''沈农金皇后'的相对电导率分别为 60.10%、58.02%，显著低于其他品种，抗寒性较差的品种'新郁'相对电导率为 71.05%，显著高于其他品种。李淑玲等（2014）研究结果表明，以 8 个苹果品种枝条为试验材料，$4\,^{\circ}\!C$ 处理下，8 个品种的相对电导率为 19.88% ~

25.69%，之后随着处理温度的降低，电导率较4℃显著升高，-35℃条件下，8个品种的相对电导率均超过60%，通过Logistic方程拟合求出各品种的半致死温度，得到8个品种的半致死温度在-21.09~-16.17℃，'寒富''甜格力'的半致死温度均低于-20℃。

（2）低温胁迫下丙二醛含量的变化

低温胁迫后，膜脂过氧化程度会加剧，植物体内生理生化发生改变，膜结构遭到破坏，生理代谢失衡，丙二醛是膜脂过氧化的产物，它可以扩散到其他的组织和器官上，阻止植物进行生命活动所必需的多种反应，影响植物生长，最终导致植物死亡。

王依（2015）研究结果表明，以4个葡萄品种为试验材料，在低温胁迫后，4个品种的丙二醛含量逐渐升高。魏鑫（2013）等通过对6个越橘品种的丙二醛含量测定发现，在-40~-15℃低温处理范围内，6个品种的丙二醛含量随着处理温度的降低呈"S"形变化趋势，且与温度呈极显著负相关，相关系数为-0.9899~-0.8916。高京草等（2010）研究发现，4个枣品种在-35~-15℃温度下降过程中，总体呈先上升，后缓慢下降的变化趋势，-25℃处理下各品种丙二醛含量达到峰值。周龙等（2006）对野生樱桃李在低温处理后丙二醛含量的研究结果表明，-35~-25℃处理时，各品种丙二醛含量均不同程度的增加，但增加幅度因品种而异，-40~-35℃处理时，丙二醛含量到达极限，不再继续增加，表明植物已受到冻害。

（3）低温胁迫下酶活性的变化

植物在正常状态下，体内的自由基产生和清除是动态守恒的，即自由基始终保持适宜的量，不会对植物细胞产生影响。在植物体能够适应的低温范围内，植物体会通过提高保护酶含量来保证自由基的供给平衡，当温度持续下降，超过了植物的忍受范围，自由基的产生持续增加，清除能力降低，导致大量的自由基没有被排出体外而是在植物体内积累，植物细胞膜结构就会被破坏，膜透性增强，膜内物质大量外渗，最终遭受低温危害。超氧化物歧化酶（SOD）、过氧化氢酶（POD）、过氧化物酶（CAT）是植物体3种主要的抗氧化酶，低温会破坏膜上的保护酶系统，致使酶活性降低，通常情况下，酶活性与抗寒性呈正相关，利用酶活性的高低判断植物抗寒性能够了解植物在低温胁迫后代谢功能的变化。SOD是植物抗氧化系统的第一道防线，是酶促清除系统中的核心酶，大多数逆境胁迫下都能在植物体内发现SOD活性发生了改变，它可以清楚细胞内多余的超氧阴离子，同时产生歧化物，使植物内的自由基维持在平衡状态。POD和CAT在保护酶系统中主要是起到协同清除过氧化氢的作用，避免细胞膜的过氧化。当细胞中 H_2O_2 含量较低时，主要由 POD 清除，当 H_2O_2 含量很高时才主要由 CAT 起作用。大量研究表明，植物体内的保护酶活性高低与抗寒性密切相关，抗寒性强的植物保护酶浓度高，活性强，抗氧化能力也强。

张艳霞等（2015）对石榴品种的保护酶活性测定中发现，石榴在受到低温胁迫后，抗氧化酶活性降低，细胞清除自由基的能力下降，品种'峰城三白甜'的 SOD 活性在 $-16℃$ 处理时达到峰值，说明该品种在 $-16℃$ 时对逆境仍具有防御能力，'突尼斯软籽'和其他品种分别在 $-12℃$ 和 $-14℃$ 时对逆境失去防御能力。刘海卿等（2015）对冬油菜抗寒性的研究结果表明，抗寒性强的'陇油 6 号'和'陇油 7 号'，SOD、POD、CAT 活性的增加幅度最大，而抗寒性较弱的'天油 2 号'和'vision'的增加幅度较小，抗寒性中等的'陇油 9 号'和'延油 2 号'居中。对不同核桃品种 SOD 活性测定中发现，6 个核桃品种枝条的 SOD 活性随着处理温度的降低，总体呈"升—降—升—降"的变化趋势，变化趋势因品种不同而存在差异，其中'香玲''鲁果 8 号''泰勒'和'N131'的 SOD 活性分别在 $-15℃$ 和 $-25℃$ 出现两个峰值，'鲁果 12 号'和'N17-24'分别在 $-20℃$ 和 $-30℃$ 出现两次高峰，且品种间存在显著差异。牛锦凤等（2006）对鲜食葡萄一年生枝条 POD 活性测定结果发现，不同品种 POD 活性存在很大差异，抗寒性强的品种'奥古斯特'POD 活性显著最高，为 $8.026μg/g$，抗寒性较差的品种'里扎马特'POD 活性显著低于其他品种，为 $2.644μg/g$。

总之，在植物低温胁迫中，不同的保护酶响应低温逆境的方式也不同，有些酶通过改变同工酶及其构型，清除体内过量的自由基，并酶促降解 H_2O_2，最终有些酶活性增强，有些酶活性下降，它们相互协调共同提高植物的抗氧化能力，从而提高植物的抗寒力。

（4）低温胁迫下渗透调节物质的变化

在逆境胁迫下，植物细胞内的渗透调节物质就会大量积累，从而使植物具有多种渗透调节能力。这一功能的关键在于逆境胁迫时细胞内的溶质会主动积累并使细胞的渗透势下降。可溶性蛋白、可溶性糖、脯氨酸是植物体 3 种主要的渗透调节物质。

①可溶性蛋白的变化。作为亲水胶体，低温胁迫后，植物体内的可溶性蛋白含量会发生改变，这主要是其通过保护质膜来实现细胞抵御脱水造成的伤害，同时，可溶性蛋白通常会和一些低分子糖聚集于叶绿体及其他组织器官周围，降低冰点温度，并增加原生质胶体的吸水及保水能力，使束缚水和

自由水比值增大，从而在植物抗寒中起作用。前人研究表明，可溶性蛋白含量与抗寒性呈正相关，可溶性蛋白含量高的品种表现出较强的抗寒性，且抗寒锻炼中增加幅度大的品种抗寒性强，反之，则抗寒性弱。

何伟等（2015）研究表明随着胁迫程度的加剧，可溶性蛋白含量的增加可以避免细胞冰冻死亡，增强植物对低温的忍受能力。试验中4个葡萄品种的可溶性蛋白含量随着处理温度的降低总体呈先升后降的变化趋势，在−40℃和−44℃低温处理时，抗寒性较强的品种枝条可溶性蛋白含量显著高于抗寒性较弱的品种。陈虎等（2012）通过2个龙眼品种（'石硖'和'储良'）叶片可溶性蛋白含量测定时发现，两个龙眼品种随着低温胁迫程度的加强，细胞内可溶性蛋白含量增加，各处理条件下'储良'的可溶性蛋白含量均高于'石硖'，说明'储良'的抗寒性比'石硖'强。

②可溶性糖的变化。可溶性糖与植物的生长发育、呼吸代谢、产量的形成和品质等各个方面息息相关，可溶性糖的高低与抗寒性呈正相关。随着外界环境温度的降低，淀粉发生水解，植物会在这个过程中主动积累一定量的可溶性糖，同时，植物通过提高细胞的渗透浓度，降低水势，增加保水能力，从而使冰点下降，以适应外界环境条件的变化。果树在低温条件下，可溶性糖含量增加，这种现象在抗寒品种和不抗寒品种中都存在，但抗寒性强的品种增加的幅度大。

鲁金星等（2012）研究表明可溶性糖与植物抗寒性密切相关，当葡萄枝条受到低温胁迫时，能够产生大量的糖来保护机体免受低温胁迫的危害，其中'贝达'和'双红'最高，表现出较强的抗寒性，'梅鹿辄'可溶性糖含量最低，抗寒性较差，可溶性糖含量可作为鉴定砧木及葡萄抗寒性的关键性指标。张兆铭等（2015）通过对8个酿酒葡萄品种一年生枝条的可溶性糖含量测定时发现，随着温度下降，不同品种的葡萄和不同温度处理下的可溶性糖含量有显著差异，说明低温对葡萄枝条可溶性糖含量的影响与抗寒性密切相关。

③脯氨酸的变化。脯氨酸是植物蛋白质的组成成分之一，并以游离态广泛存在于植物体中。由于亲水、疏水表面的相互作用，游离脯氨酸能促进蛋白质水合作用，蛋白质胶体亲水面积增大，使可溶性蛋白沉淀减少。因此，在植物处于低温胁迫时，它使植物具有一定的抗性并发挥维持细胞结构、保证正常的细胞运输和调节植物内外渗透压等保护性作用。脯氨酸被看作细胞防冻剂和质膜稳定剂，通常情况下，植物体内的游离脯氨酸数量较少，当受到低温影响时，游离脯氨酸数量便会增加来增强植物的保水力，植物的抗寒

性随着脯氨酸含量的增加而变强。当然，除了低温，任何不利于植物生长的环境胁迫都会使植物体内的脯氨酸含量增加，脯氨酸含量越高，植物抗逆能力越强。卢精林等（2015）研究表明随着处理温度的降低，不同葡萄砧木和栽培品种游离脯氨酸含量增加，品种间增加量存在差异，表明脯氨酸与植物抗寒性密切相关。Sanchezz等（2004）研究认为，植物体内脯氨酸在胁迫响应中的角色尚不明确，一般认为是作为渗透活性物质发挥保护作用，其渗透调节在豆类植物中作用甚微。

（三）抗旱性

1. 干旱胁迫对植物的危害

随着人类社会经济的发展和人口的膨胀，水资源短缺现象日益严重，这也直接导致了干旱地区的扩大与干旱化程度的加重，干旱化趋势已成为全球关注的问题。干旱可分为土壤干旱、生理干旱和大气干旱3种不同的类型，无论是哪一种干旱类型，都会引起水分亏缺，进而影响植物的发育。干旱是普遍存在的自然现象，是影响植物生长和发育最常见的非生物胁迫之一。

干旱胁迫对种子萌发、营养器官与生殖器官的形成等植物生长和发育的各个阶段都会产生严重的影响，不仅抑制植物的形态建成、减少植物的生产力，同时在植物体内引起了一系列复杂的反应，如光合色素的减少、细胞膜透性加大、渗透调节物质和活性氧等的增加以及植株外部形态结构的变化。

（1）干旱胁迫对植物形态的影响

在植物生长过程中，如受到干旱胁迫，将会对植物的形态产生显著的影响，植物的生长会受到抑制。叶片是植物进行蒸腾与光合作用的主要器官，其形态是内部代谢活动和外部环境条件综合作用的结果。通常叶片的结构特征会随着不同的生长环境而发生变化，这种变化是为了更好地适应或抵抗环境。在干旱胁迫下，对植株最直观的影响就是引起叶片、幼茎的萎蔫卷曲、植株矮小、畸形等变化，进而影响植株对光能的吸收。

同时，长期的干旱胁迫使植物叶片具有栅栏组织与海绵组织比值较大，发达的栅栏组织可使植物萎蔫时减少机械损伤。在马富举等（2012）对小麦抗旱品种的研究中发现：敏感型小麦品种的根系生长量较低，耐旱型小麦品种却能够维持较高的根系生长量，因此，耐旱型品种比敏感型小麦品种更加具有优势，根系更为发达。这样的根系才能更加有效地吸收和利用土壤中的水分，特别是土壤深层水分。植物根系分布的情况和叶片的大小，都是衡量植物抗旱能力的重要评价指标。

在水分短缺的状态下，细胞分裂、分化受到抑制，分生组织发育迟缓从而导致叶面积减小，叶片收缩变厚。其中叶面积减小被认为是幼苗对干旱胁迫的最初反应过程之一。叶面积的减小，将会降低叶片蒸腾面积、减少水分流失，有利于抵御干旱环境。对玉米的干旱胁迫研究表明，随着干旱胁迫程度的增加，玉米根系的干重量、根数、根冠比值都显著下降。玉米根系的长度、深度、根冠比等生长状况及在土壤中的分布与产量有着紧密关系。李芳兰等（2009）对白刺花干旱胁迫的研究中表明，在持续干旱水分亏缺的条件下，叶片面积、分枝数及根部生长量等均明显减少；与此同时，在轻度干旱胁迫下，叶片面积比根生长更加敏感。罗永忠等（2014）对新疆大叶苜蓿干旱胁迫的研究中表明，新疆大叶苜蓿最适合在轻度水分胁迫下生长，无论是在苗高、冠幅、地径、分枝数还是在单株叶片数、侧根数等方面都优于其他干旱处理。

当土壤的水分含量过高时，由于土壤中充满水分，导致土壤的通气性较差，各种气体未能及时交换，根系长期处于缺氧状态，甚至腐烂，新疆大叶苜蓿叶片数、产量反而降低。在干旱胁迫下，细柄黍的根长呈逐渐增加趋势，而株高呈下降趋势。

（2）干旱胁迫对植物叶片光合作用的影响

光合作用的场所是在植物细胞的叶绿体中，通过吸收光能、水分、CO_2 等物质进行一系列反应合成有机物和氧气。光合作用影响植物的生长与发育，对植物来说具有重要意义，对整个生态来说也是最重要的一个代谢过程。水分是光合反应发生的重要物质之一，而在干旱环境下水分亏缺则会影响植物的光合作用。光合速率、蒸腾速率、气孔导度、胞间 CO_2 浓度等指标能够反应光合能力。

干旱胁迫下，植物叶片气孔关闭，减少水分蒸腾、影响 CO_2 的吸收，从而降低叶片蒸腾速率和光合速率。韩希英等（2006）在对玉米水分处理研究中表明，在不同的水分处理下，玉米的光合速率、蒸腾速率、水分利用效率、气孔导度等均下降，拔节期玉米气孔导度、光合速率先升高然后降低，在上午 8 时出现最高值，蒸腾速率在下午 2 时之前变化平缓，之后快速下降。开花期无明显的峰值，一直变化平缓，表明光合速率降低的主要因素并非气孔因素而是非气孔因素。在干旱胁迫下，无论是气孔因素还是非气孔因素都会对植物光合作用产生影响。因此不能简单地通过提高 CO_2 供给恢复光合速率。干旱胁迫程度较轻时，气孔关闭是主导因素，但是在干旱胁迫程度严重时，会破坏植物体内参与光合作用的细胞结构，从而抑制植物体内 CO_2

同化并降低光合能力，此时，非气孔因素成为影响光合速率的主要因素，这与张光灿等观点一致。彭素琴等（2010）在干旱胁迫对金银花光合作用影响的结果表明，不同金银花品种的光合速率与干旱胁迫强度呈负相关。吴芹（2013）的研究表明，在光强较时，3个不同树种的光合速率随光强的增加缓慢升高，当光强达到光饱和点后，山杏、沙棘、油松的相对含水量分别在52.3%~84.8%、50.2%~84.6%、44.3%~83.6%范围内时，光合速率随光强的增加变化很小，没有发生明显抑制光饱和的现象。

（3）干旱胁迫对植物叶片叶绿素的影响

叶绿素是光合反应发生不可或缺的色素，通过吸收光能和二氧化碳转化成葡萄糖等物质，其含量与光合作用有着密切的联系，同时也是反映叶片生理状态、指导作物选育栽培和生产的重要指标。在植物受到干旱胁迫时，大多植物叶绿素含量与干旱胁迫强度呈负相关，而植物的抗旱性与胁迫时间也会影响叶绿素含量的变化。

随着土壤含水量的减少，白刺花幼苗叶绿素含量呈上升趋势。Gallé等（2010）在干旱胁迫对于橡树叶片中色素含量影响的结论中也表现了相似观点。但关保华等（2003）研究表明，华荠苧的叶绿素总含量先随干旱胁迫强度降低而增加，在相对含水量达到60%时出现了最高值，而后下降。

2. 植物抗旱机理

面对干旱胁迫，植物一般通过各种保护措施抵抗胁迫，或通过自身修复能力缓解胁迫所造成的危害。

（1）干旱胁迫下植物叶片渗透调节物质的变化

渗透调节是指植物通过调节细胞内渗透势，增强水分吸收能力，进而忍耐和抵抗干旱胁迫的一种重要的生理活动。渗透调节可以在水分亏缺时维持气孔的开放。由于气孔开放，就可以维持一定的气孔导性，从而维持一定的光合作用。渗透调节对树木在适度干旱胁迫下的存活并使其正常生长具有十分重要的作用。渗透调节可使组织保持膨压，从而保持植株或果实生长。但渗透调节作用仍有一定的局限性，在不同的植物种间渗透调节能力差异较大，而在同一物种不同品间渗透调节能力相对差异较小。渗透调节物质分为无机离子和有机溶质两大类。无机离子包括 K^+、Na^+、Ca^{2+}，它们通过主动运输从外界进入细胞内，主要在液泡中起到渗透调节作用；有机溶质主要包括脯氨酸（Pro）、可溶性糖、可溶性蛋白、甜菜碱、山梨醇和海藻糖等，在细胞内通过代谢合成。在大多数植物抗旱性中研究较多的渗透调节物质是脯氨酸。脯氨酸被认为是植物在逆境条件下积累的一种小分子渗透调节物质，作为抗旱鉴定的一项生理指标，对各种植物进行量度有一定的局限性，但对于某些植物来说，仍不失为选择植物耐旱品种的一个重要依据。

张莉和续九如（2003）的研究结果表明，随着干旱强度的增加，植物体内脯氨酸含量显著升高。马红梅等（2005）研究表明，在干旱胁迫下，柠条体内的脯氨酸含量增加，来减少由于干旱引起的脱水对植物所造成的伤害。可溶性蛋白同样也是植物体内重要的渗透调节物质。

陈立松和刘星辉（1999）对不同品种荔枝叶片抗旱性研究结果表明，在干旱胁迫时，抗旱性较强品种可溶性蛋白含量较高，而抗旱性较弱的荔枝品种叶片中可溶性蛋白含量相对要小一些。可溶性蛋白含量不仅是判定细胞内酶系统是否稳定的标志，还是衡量植物受逆境伤害程度的重要指标之一。不同的植物在遭受干旱胁迫时体内的可溶性蛋白质含量会呈现出不同的变化趋势，这与孙红春（2015）对不同棉花品种进行干旱胁迫研究的结论一致。棉花品种'衡棉3号'在低浓度胁迫时随干旱胁迫时间延长，可溶性蛋白含量无显著变化，在高浓度胁迫下，可溶性蛋白含量呈先上升后下降的趋势；而 H1717 品种变化趋势为先上升再下降后又上升趋势；中R16 品种则无论是高浓度还是低浓度都随时间的延长，可溶性蛋白含量呈上升趋势。

（2）干旱胁迫下植物叶片 MDA 含量的变化

丙二醛（MDA）是膜脂过氧化条件的产物，来自植物体内不饱和脂肪酸的降解，通过与蛋白酶等结合、交联，从而引起膜质过氧化，生物膜结构和功能破损。MDA 含量的大小，通常作为衡量膜脂过氧化程度和植物遭受逆境伤害程度的一种主要指标。在干旱胁迫下，大部分植物的 MDA 含量与干旱胁迫强度呈正相关。

韩蕊莲等（2002）研究表明，在轻度、中度干旱胁迫下，MDA 含量随时间延长呈上升趋势，但增幅不大；重度干旱胁迫下，MDA 含量增加较为显著，增幅明显，表明在长时间重度干旱胁迫下 MDA 含量较高，对沙棘造成不可逆转的伤害。时连辉等（2005）研究结果表明，在干旱胁迫强度增大时，不同桑树品种的 MDA 含量均显著增加。张栋（2011）研究结果表明，在干旱胁迫下，不同品种苹果叶片中 MDA 含量都呈上升趋势，克孜阿尔玛和卡拉阿尔玛叶片 MDA 含量较高并且相差不大，而首红叶片 MDA 含量较少，与另外两个品种有显著差异，对比说明首红品种对干旱胁迫不敏感，对干旱胁迫的适应性更强。陈剑成研究表明随土壤含水量降低，丙二醛含量呈上升趋势，在处理第 24 天时凹叶厚朴叶片中 MDA 含量最高，表明在此时膜结构受到严重损害。

（3）干旱胁迫下植物叶片抗氧化酶的变化

活性氧是指由氧通过直接或间接的方式产生的某些代谢产物以及其衍生的含氧物质。在植株正常生长条件下，植物体内会存在少量的活性氧，其自身能够保证自由基的产生和清除始终处于动态平衡状态，不会对细胞造成伤害。但是在干旱胁迫下，活性氧含量会积累过多，从而打破动态平衡状态，导致膜质过氧化对植物产生毒害作用，影响其正常生长。植物在经历了漫长的进化过程，已经形成了的抗氧化保护系统来清除植物体内多余的活性氧。植物的抗氧化系统主要包括酶保护系统和非酶保护系统。酶保护系统包括 SOD、POD 和 CAT 等。SOD、POD、CAT 广泛存在于植物体中。这些酶通过协同作用防御并清除植物体内活性氧或其他过氧化物自由基，使细胞膜免受氧化损伤。其中，SOD 是一种含金属酶同时也是植物氧代谢的关键酶，在保护酶系统当中处于核心地位，被认为是抗氧化酶体系的第一道防线，SOD 通过歧化反应，把超氧阴离子歧化为 H_2O_2 和 O_2。而产生的 H_2O_2 也是一种活性氧，必须经过氧化物酶和过氧化氢酶转化成水和氧气，从而清除了活性氧对于生物机体产生的毒害作用。

二、黑果枸杞的抗逆性

植物在漫长的生物进化过程中形成了各种各样的逆境适应特征，这些特征对植株的建成有重要意义。黑果枸杞这一珍贵的药食两用植物资源，在生态修复方面有其独特的优势，也是一种具有显著生态效益的资源种类。同时，黑果枸杞也是典型的根蘖类植物之一，其发达的根系和顽强的生命力使其成为干旱区水土保持的先锋生态物种之一；其耐盐碱、耐旱特性可以起到改良盐碱地的作用，光合效率高、抗逆性强，更使其成为防风固沙的首选植物种。目前，对黑果枸杞逆境适应特征的研究主要集中在其耐盐机理、种子萌发特性及其对环境因子的响应、果实色素和营养成分的提取等方面。

（一）黑果枸杞耐盐性

耐盐性是植物对盐害的忍受能力。有些植物在系统发育过程中，对盐分产生了适应性，这类植物称为盐生植物。黑果枸杞属于盐生植物，在盐胁迫下表现出相对较强的抗盐性。盐胁迫下黑果枸杞通过调整内部的渗透调节物质以及体内的活性氧的抗氧化保护系统等生理生化的调节，形成对盐胁迫的适应性和一定的抗性，满足其正常的生长发育。

在高盐胁迫下，黑果枸杞表现出叶组织高度肉质化、表皮细胞壁及角质膜增厚、栅栏组织细胞层数较多、贮水组织较发达而叶脉维管束和机械组织均不发达等一系列盐生植物的典型特征；同时，其愈伤组织中的 SOD、抗坏血酸过氧化物酶和谷胱甘肽还原酶等抗氧化酶活性上升以及体内大量渗透调节物质（脯氨酸和可溶性糖）的积累都有助于盐胁迫所导致的氧化胁迫和渗透胁迫。此外，叶和根中的抗氧化防御系统被激活（在盐胁迫初期尤为明显），H_2O_2 的含量逐渐升高而超氧阴离子（O^{2-}）在盐胁迫初期大幅下降，保证了植株在整个盐胁迫期间无明显的盐害症状，且叶和茎的耐盐性较强而根部相对较弱。

1. 盐碱胁迫对黑果枸杞种子的影响

（1）中性盐胁迫对黑果枸杞种子萌发的影响

通常低浓度的中性盐对种子萌发无显著影响，高浓度的中性盐抑制种子萌发，且随着盐浓度的升高，抑制作用增强，盐浓度过高时种子不能萌发。不同中性盐均能抑制种子萌发，但抑制程度不同，王桔红等（2012）通过对不同浓度（0、1g/L、2g/L、3g/L、6g/L、9g/L、14g/L、18g/L）的盐溶液（NaCl、$MgSO_4$、盐渍土壤）对河西走廊中部荒漠边缘的黑果枸杞种子吸胀、萌发和幼苗生长的影响，并观察胁迫解除后种子的反应。结果表明：黑果枸杞种子吸胀速率随 NaCl、$MgSO_4$ 和土壤溶液浓度的增大呈先升后降的趋势，吸水速度随胁迫时间的延长而减慢；种子萌发率随 3 种盐浓度的增大而降低，盐胁迫解除后种子仍具有较高的萌发率；发芽指数、活力指数、根长、下胚轴随 3 种盐浓度的增大而降低或先升后降，根轴比随盐胁迫的增强先升后降（表 2-9）；随 3 种盐浓度的增大，种苗损害率增大，3 种盐的胁迫效应依次 NaCl>$MgSO_4$>盐渍土壤溶液（表 2-10）。黑果枸杞种子萌发和幼苗生长对 NaCl 胁迫较为敏感，其耐受的临界阈值是 6g/L；种子萌发能耐受较高浓度的 $MgSO_4$ 的胁迫，幼苗生长对 $MgSO_4$ 胁迫较敏感，其耐受的临界阈值是 9g/L；种子萌发和幼苗生长对生境盐渍土壤具有较强的耐受能力和适应性。

表 2-9 盐胁迫下黑果枸杞种子萌发及幼苗生长的形态指标

盐（g/L）	发芽指数	活力指数	根长（cm）	下胚轴长（cm）	根长（cm）/下胚轴长（cm）
NaCl					
0	1.77±0.22c	1.55±0.34b	0.88±0.17ab	1.98±0.51bc	0.47±0.15a
1	1.78±0.18c	2.89±1.26c	1.63±0.79c	2.45±0.62c	0.70±0.34ab

（续表）

盐（g/L）	发芽指数	活力指数	根长（cm）	下胚轴长（cm）	根长（cm）/下胚轴长（cm）
2	1.53±0.21bc	1.57±0.71b	1.03±0.44bc	1.28±0.60b	0.82±0.14ab
3	1.48±0.18b	1.48±0.36b	1.00±0.18bc	1.45±0.47b	0.76±0.31ab
6	0.23±0.05a	0.06±0.03a	0.25±0.05a	0.23±0.19a	0.58±1.15b
9	–	–	–	–	–
14	–	–	–	–	–
18	–	–	–	–	–
$MgSO_4$					
0	2.53±0.31c	3.41±0.72b	1.35±0.13c	1.20±0.61b	1.35±0.65b
1	2.39±0.93c	2.33±1.72b	0.98±0.33b	1.50±0.41b	0.68±0.24a
2	1.43±0.12b	1.15±0.65a	0.80±0.42b	1.48±0.58b	0.52±0.13a
3	1.27±0.13b	1.11±0.29a	0.88±0.17b	1.25±0.45b	0.82±0.51ab
6	1.32±0.27b	1.02±0.40a	0.78±0.17b	1.38±0.48b	0.66±0.36a
9	0.90±0.36ab	0.20±0.10a	0.23±0.19a	0.40±0.22a	0.51±0.16a
14	0.63±0.28a	0.11±0.07a	0.18±0.10a	0.50±0.48a	0.56±0.38a
18	0.49±0.07a	0.05±0.04a	0.10±0.07a	0.30±0.12a	0.34±0.19a
土壤溶液					
0	2.50±0.11ab	3.50±0.73bc	1.40±0.11cd	1.95±0.31a	0.63±0.22a
1	3.03±0.49b	4.54±0.85c	1.50±0.49d	2.03±0.22a	0.74±0.04a
2	2.89±0.66ab	4.11±1.61c	1.43±0.66d	1.53±0.49a	0.74±0.50a
3	2.27±0.42ab	2.83±0.96ab	1.25±0.42bcd	1.50±0.56a	1.05±0.18a
6	2.39±0.67ab	2.69±0.46ab	1.13±0.67abcd	1.80±0.52a	0.88±0.10a
9	2.15±0.42a	2.15±0.18a	1.00±0.42abc	1.58±0.59a	0.63±0.13a
14	2.17±0.30a	1.57±0.52a	0.73±0.30a	1.55±0.79a	0.67±0.31a
18	2.08±0.72a	1.93±0.24a	0.93±0.72ab	1.28±0.62a	0.59±0.54a

注：数据为平均值±标准差；同列数据后字母相同表示差异不显著，不同字母表示 P<0.5 差异显著

资料来源：（王桔红，2012）

郑燕等（2019）以 15 个种源的黑果枸杞种子为试验材料，研究 NaCl 盐溶液梯度（0、55mmol/L、125mmol/L、200mmol/L、260mmol/L）处理对黑果枸杞种子发芽率，发芽势，胚根长，胚轴长，相对盐害率和耐盐半致死浓度等萌发特性的影响。结果表明，盐胁迫对黑果枸杞种子的萌发抑制作用表现为发芽率和发芽势随 NaCl 浓度的升高而降低（表 2-11），胚根胚轴长和根轴比随着 NaCl 浓度的升高先增后降（表 2-12）。

表 2-10　不同盐溶液下种子累计发芽率、复萌率　　　　　　（单位：%）

处理浓度(g/L)	NaCl			MgSO₄			土壤溶液		
	发芽率	复萌率	总发芽率	发芽率	复萌率	总发芽率	发芽率	复萌率	总发芽率
0	57.0±5.03d	25.4±22.4a	68.0±10.33ab	71.0±6.00d	34.38±36.06a	80.0±13.06a	75.0±2.00a	20.24±8.80a	80.0±3.27a
1	55.0±6.83d	16.0±5.85a	62.0±7.66ab	65.0±17.09d	43.75±18.48a	79.0±11.94a	75.0±11.02a	21.11±18.72a	79.0±12.81a
2	53.0±2.00d	21.2±4.42a	63.0±2.00ab	46.0±5.16c	40.10±17.19a	68.0±8.00ab	74.0±11.02a	30.78±5.70ab	82.0±10.58a
3	43.0±6.83c	34.5±14.27ab	62.0±12.00ab	40.0±4.62bc	45.98±14.16a	68.0±6.53ab	67.0±6.83a	36.32±6.23ab	79.0±5.03a
6	10.0±2.31b	50.1±13.27bc	55.0±12.81a	39.0±15.11bc	49.12±12.22a	70.0±5.16ab	66.0±20.26a	39.67±8.86bc	79.0±12.38a
9	0.00±0.00a	59.0±11.94cd	59.0±11.94ab	27.0±8.87ab	46.05±9.35a	60.0±10.83ab	65.0±15.10a	52.50±14.50cd	84.0±6.53a
14	0.00±0.00a	73.0±7.57d	73.0±7.57b	22.0±6.93a	50.0±4.94a	61.0±5.03a	63.0±9.45a	53.66±7.83cd	83.0±5.03a
18	0.00±0.00a	91.0±3.8e	91.0±3.83c	18.0±2.31a	59.64±5.70a	67.0±3.83ab	59.0±12.38a	65.64±3.95d	86.0±4.00a

注：数据为平均值±标准差；同列数据后字母相同表示差异不显著，不同字母表示 P<0.05 差异显著

资料来源：（王桔红，2012）

表 2-11　不同盐胁迫下种子发芽势、发芽指数和活力指数变化

ID	发芽势 GP（%）					发芽指数 GI					活力指数 VI				
	N1	N2	N3	N4	N5	N1	N2	N3	N4	N5	N1	N2	N3	N4	N5
1	44.43	25.57	11.10	—	—	41.09	25.85	8.01	0.76	—	106.01	113.48	12.58	0.43	—
2	28.90	2.23	—	—	—	22.01	7.55	0.97	0.16	—	60.31	26.43	0.78	0.35	—
3	38.90	20.00	5.57	—	—	26.44	13.99	4.30	0.34	—	83.55	46.87	5.85	0.34	—

（续表）

ID	发芽势 GP（%）					发芽指数 GI					活力指数 VI				
	N1	N2	N3	N4	N5	N1	N2	N3	N4	N5	N1	N2	N3	N4	N5
4	41.10	28.90	1.10	—	—	29.86	19.82	4.17	1.61	—	68.68	68.97	8.67	1.27	—
5	40.00	30.00	6.67	—	—	26.51	19.37	6.97	—	—	105.77	101.31	12.96	—	—
6	3.33	2.23	—	3.33	—	3.15	1.72	—	—	—	9.26	8.17	—	—	—
7	58.90	17.77	4.43	3.33	—	37.81	10.63	2.64	1.90	—	143.3	34.12	8.34	—	—
8	13.33	4.43	—	—	—	16.09	7.09	0.3	—	—	55.19	32.614	0.23	—	—
9	67.77	55.57	8.90	6.67	—	47.01	35.64	6.94	4.84	—	155.13	136.15	10.9	4.45	—
10	28.90	10.00	4.45	—	—	20.12	7.52	2.39	—	0.66	64.59	32.64	4.49	—	—
11	1.10	—	—	—	—	14.04	0.38	—	—	—	52.37	0.37	—	—	—
12	13.33	3.33	—	—	—	20.55	5.36	0.85	0.38	—	85.90	5.31	0.54	—	—
13	—	—	—	—	—	2.50	0.38	—	—	—	10.83	1.57	—	—	—
14	1.10	—	5.57	—	—	13.41	1.83	5.49	—	—	49.43	7.12	14.33	—	—
15	23.33	2.23	—	—	—	20.77	2.99	2.80	—	—	73.94	11.3	6.27	—	—

资料来源：（郑燕，2019）

表2-12　盐胁迫下幼苗生长形态指标

ID	胚根长（cm）					胚轴长（cm）					根/轴				
	N1	N2	N3	N4	N5	N1	N2	N3	N4	N5	N1	N2	N3	N4	N5
1	1.23Bcde	2.29Aa	0.82Babc	0.44Cb	—	1.35Aef	2.10Aa	0.75Babc	0.13Cb	—	0.91	1.09	1.09	3.38	—

（续表）

ID	胚根长（cm）					胚轴长（cm）					根/轴				
	N1	N2	N3	N4	N5	N1	N2	N3	N4	N5	N1	N2	N3	N4	N5
2	1.11Bcde	1.88Aabc	0.55Cbc	0.10Cb	–	1.63Bcde	1.62Aabc	0.25Cbc	0.12Cb	–	0.68	1.16	2.20	0.83	–
3	0.99ABde	1.64Aabcd	0.61BCabc	0.70Cb	–	2.17ABde	1.71Aabcd	0.75BCabc	0.30Cb	–	0.46	0.95	0.81	2.33	–
4	0.60Be	1.49Aabcd	1.17ABa	0.34Cb	–	1.70Be	1.99Aabcd	0.91ABa	0.45Cb	–	0.35	0.75	1.29	0.76	–
5	1.64ABbc	2.18Aa	0.92Bab	–	–	2.35ABbc	3.05Aa	0.94Bab	–	–	0.70	0.71	0.98	–	–
6	1.07Acde	2.00Bbcd	–	–	–	1.87Acde	2.75Bbcd	–	–	–	0.57	0.73	–	–	–
7	2.19Aa	1.81ABabc	1.88Ba	–	–	1.60Aa	1.40ABabc	1.28Ba	–	–	1.37	1.29	1.47	–	–
8	1.46Bcde	2.15Aab	0.56Cbc	–	–	1.97Bcde	2.45Aab	0.20Cbc	–	–	0.74	0.88	2.80	–	–
9	2.17Aab	2.09Aabc	0.76Babc	0.57Bb	–	1.13Aab	1.73Aabc	0.81Babc	0.35Bb	–	1.92	1.21	0.94	1.63	–
10	1.49Acd	2.02Aabc	0.8Babc	0.43Bb	–	1.72Acd	2.32Aabc	1.08Babc	0.10Bb	–	0.87	0.87	0.74	4.30	–
11	1.18Acde	0.57Bd	–	–	–	2.55Acde	0.40Bd	–	–	–	0.46	1.43	–	–	–
12	1.68Abc	0.63Bcd	0.30Cbc	–	–	2.5Abc	0.36Bcd	0.33Cbc	–	–	0.67	1.175	0.91	–	–
13	1.59Abcd	2.73ABabc	–	–	–	2.74Abcd	1.40ABabc	–	–	–	0.58	1.95	–	–	–
14	1.40ABcde	2.29Aabcd	1.35ABab	–	–	2.29ABcde	1.6Aabcd	1.26Bab	–	–	0.61	1.43	1.07	–	–
15	1.43Acde	2.10Aabcd	1.38Aa	–	–	2.13Acde	1.68Aabcd	0.86BCab	–	–	0.67	1.25	1.60	–	–

注：字母表示 0.05 水平下的差异显著性（大写字母表示处理间差异，小写字母表示种间顺间差异）

资料来源：（郑燕，2019）

赵冠翔（2014）通过对黑果枸杞在不同盐浓度下随时间变化的光响应曲线的拟合，结合形态学特征、抗性生理特征及叶片解剖结构特征的测定与观察，主要得出了以下结论。

①不同的盐浓度处理对黑果枸杞的最大净光合速率均产生抑制作用；100mmol/L，200mmol/L，300mmol/L 3 个盐胁迫处理的前 24h 之内，表观量子效率并未受到太大影响，而 400mmol/L 盐处理在化时表观量子效率就有明显的下降：黑果枸杞的暗呼吸速率总体呈现先下降后上升的趋势，即 4 种盐浓度处理 24h 内对暗呼吸起抑制作用，24~72h 时有所恢复，但总体对暗呼吸作用有一定的抑制。400mmol/L 盐处理下黑果枸杞叶片的光响应曲线类型与 100~300mmol/L 盐处理均不相同，表明 400mmol/L 盐浓度处理对黑果枸杞的影响最大，且可能超出其耐受范围。

②通过对 72h 且使用四种盐浓度处理的黑果枸杞叶片进行脯氨酸的相对含量测定发现，脯氨酸的相对含量会随着盐胁迫时间增加而增加，增加幅度排序为 400mmol/L>300mmol/L>200mmol/L>100mmol/L。说明 400mmol/L 条件下的盐胁迫对黑果枸杞叶片的伤害最大。

③结合黑果枸杞叶片形态学特征、叶片解剖结构，说明黑果枸杞对 100~300mmol/L 盐浓度表现出一定的耐盐化而当使用 400mmol/L 盐处理时，对叶片结构观察表现，叶片形态为明显受胁迫，即可以说明 400mmol/L 盐浓度的处理超出了黑果枸杞所能承受的盐耐受的范围（图 2-2）。

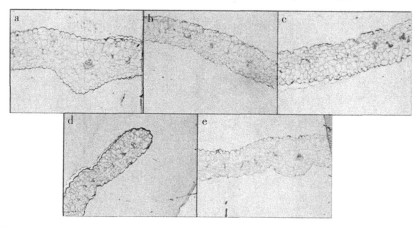

图 2-2　400mmol/L 盐处理不同时间黑果枸杞的叶片解剖结构（目镜 4×，物镜 20×）

a：0h；b：12h；c：24；d：48h；e：72h

资料来源：（赵冠翔，2014）

（2）碱性盐胁迫对黑果枸杞种子萌发的影响

王恩军等（2014）等在中性盐（NaCl）和碱性盐（Na_2CO_3）胁迫下，对采自河西走廊黑河中游的黑果枸杞进行种子萌发及幼苗生长试验，测定了发芽率（Gr）、发芽势（Gv）、发芽指数（GI）、活力指数（VI）和相对盐害率及幼苗的组织含水量、可溶性蛋白质含量、叶绿素含量、电导率、丙二醛含量和POD含量等指标。结果表明，黑果枸杞种子萌发的NaCl、Na_2CO_3浓度的临界值分别是50mmol/L和2.5mmol/L，极限值分别是300mmol/L和100mmol/L；在NaCl和Na_2CO_3胁迫下，发芽率分别为69.17%和71.67%（表2-13）；幼苗组织含水量分别由对照的88.97%降低到56.17%、70.27%；可溶性蛋白质含量最大值分别为7.09%、7.73%；叶绿素含量分别由对照的1.27mg/g降到0.78mg/g、0.92mg/g；丙二醛含量分别由对照的1.5μmol/g增加到6.9、6.5μmol/g；POD活性分别由对照的380.4U/（g·min）降低到139.2U/（g·min）、192.7U/（g·min）；电导率分别由对照的25.63%增加到64.77%、74.8%。黑果枸杞是盐生植物，低浓度的盐促进萌发，高浓度的抑制萌发；碱性盐更适合其生长；黑果枸杞幼苗在盐胁迫下的生理响应及生态适应综合表现出黑果枸杞更适于碱性盐生长。

表2-13　NaCl及Na_2CO_3胁迫对黑果枸杞种子萌发的影响

处理	处理浓度 （mmol/L）	萌发率 （%）	发芽势 （%）	发芽指数	活力指数	相对盐害率 （%）
NaCl	0	66.25±2.172a	40.83±0.832b	7.63±0.154a	38.15±0.295a	0.00±0ef
	25	69.17±3.632a	55.00±3.144a	8.00±0.104a	40.72±0.941b	−4.00±0.052f
	50	63.33±2.201a	34.17±1.671b	5.90±0.125b	22.23±0.795c	5.00±0.032e
	100	45.00±1.441b	16.67±0.834c	4.40±0.214c	13.84±1.273d	32.00±0.023d
	150	22.50±1.442c	9.17±1.647cd	1.60±0.215d	3.723±0.675e	66.00±0.022c
	200	7.52±1.451d	3.33±0.834de	0.60±0.174e	1.15±0.343f	89.00±0.024b
	300	0.00±0e	0.00±0e	0.00±0f	0.00±0f	100.00±0a
Na_2CO_3	0	66.25±2.165ab	40.83±0.833a	7.63±0.145ab	39.68±0.602a	0.00±0cd
	1	76.83±8.946a	45.00±6.614a	7.77±0.203a	36.01±1.749b	−16.00±0.133d
	2.5	71.67±4.410a	43.33±1.667a	6.90±0.208b	29.58±0.571c	−8.00±0.067d
	5	57.50±1.443b	25.00±3.819b	5.73±0.348c	21.02±1.778d	13.00±0.022c
	10	35.83±2.205c	10.00±1.443c	5.23±0.433c	15.97±0.869e	46.00±0.033b
	50	24.67±3.283c	7.50±1.443c	4.37±0.260d	10.15±0.475f	63.00±0.048b
	100	0.00±0d	0.00±0d	0.00±0e	0.00±0e	100.00±0a

注：同列不同字母表示在0.05水平下显著

资料来源：（王恩军，2014）

杨志江等（2008）通过对黑果枸杞种子在不同钠盐（NaCl、NaHCO_3、Na_2CO_3）溶液中萌发情况的研究，旨在探明黑果枸杞种子在不同盐胁迫下的萌发特性。结果表明，碱性盐胁迫对种子萌发的影响与中性盐类似，低浓度对种子萌发影响不大，高浓度抑制萌发，且与浓度呈正相关（表2-14），但碱性盐的抑制作用比中性盐更强烈（表2-15、表2-16）。低浓度碱性盐（Na_2CO_3）比中性盐（NaCl）更促进黑果枸杞种子萌发，而盐胁迫解除后种子发芽率较高，说明黑果枸杞更适宜在碱性盐土壤上生长。

表2-14　不同浓度 NaCl 对黑果枸杞种子发芽的影响

NaCl 浓度（mmol/L）	pH 值	发芽指数	胚根长（mm）	胚芽长（mm）	根芽比
0	7.00	7.9±0.4	6.4±1.0	10.1±1.7	0.63
50	7.74	6.1±0.3	6.3±1.2	14.6±4.0	0.43
100	7.69	4.7±0.7	5.8±1.7	16.3±5.6	0.36
150	7.55	2.0±0.6	5.1±1.6	9.4±2.9	0.54
200	7.48	0.9±0.7	3.1±1.9	4.6±2.2	0.67
250	7.53	0.1±0.1	0	0	0
300	7.45	0	0	0	0

资料来源：（杨志红，2018）

表2-15　不同浓度 NaHCO_3 对黑果枸杞种子发芽的影响

NaHCO_3浓度（mmol/L）	pH 值	发芽指数	胚根长（mm）	胚芽长（mm）	根芽比
0	7.00	7.9±0.4	6.48±2.1	9.9±2.8	0.69
1.0	8.14	7.8±0.9	6.9±2.0	13.0±3.3	0.53
2.5	8.28	6.7±0.1	7.1±1.7	10.7±3.5	0.66
5.0	8.45	7.4±0.9	6.8±2.5	13.6±4.2	0.50
10.0	8.29	7.4±1.1	6.5±1.3	14.6±3.3	0.45
20.0	8.79	6.6±0.6	5.5±1.3	9.7±2.7	0.57
50.0	8.88	6.2±0.8	3.6±1.4	7.3±3.3	0.49
100.0	8.96	4.7±0.2	1.1±1.3	5.2±2.7	0.21

资料来源：（杨志红，2018）

表 2-16　不同浓度 Na_2CO_3 对黑果枸杞种子发芽的影响

Na_2CO_3浓度（mmol/L）	pH 值	发芽指数	胚根长（mm）	胚芽长（mm）	根芽比
0	7.00	7.9±0.4	7.1±1.9	11.9±2.9	0.59
1.0	8.19	7.4±0.8	7.5±1.5	12.8±4.7	0.59
2.5	9.03	7.0±0.5	6.6±1.6	13.1±2.7	0.50
5.0	9.98	6.8±0.6	5.7±0.9	13.2±3.4	0.43
10.0	10.59	7.7±0.7	6.0±1.5	14.9±4.1	0.40
20.0	10.75	6.5±0.7	6.4±1.8	13.6±3.6	0.47
50.0	10.91	5.5±0.9	1.5±0.5	4.3±1.2	0.34
100.0	11.12	3.0±0.4	1.0±0.0	3.2±1.3	0.31

资料来源：（杨志红，2018）

（3）混合盐胁迫对黑果枸杞种子萌发的影响

詹振楠（2018）以黑果枸杞种子为对象，将中性盐 NaCl、Na_2SO_4 及碱性盐 $NaHCO_3$、Na_2CO_3 按不同比例混合成 4 种组合，并分别设置 50mmol/L、100mmol/L、150mmol/L、200mmol/L 共 4 个浓度梯度，以蒸馏水处理为对照，研究黑果枸杞种子萌发过程中不同盐碱胁迫对其种子萌发的影响。结果表明，随盐碱胁迫程度的加强，种子发芽率、发芽势、发芽指数与对照相比有显著下降；同一盐碱浓度胁迫下，随 pH 值的升高，黑果枸杞种子发芽率、发芽势、发芽指数减小，但当盐碱浓度≥150mmol/L 时，不同 pH 值处理的黑果枸杞种子萌发参数相互间差异相对较小；混合盐碱胁迫解除，黑果枸杞种子仍具有一定的萌发能力，其中，低浓度 NaCl、Na_2SO_4 混合的中性盐胁迫处理的黑果枸杞种子其恢复萌发率相对最高，最终萌发率达到 65.0%，与对照接近，但高盐浓度、高 pH 值处理的种子恢复萌发率相对极低；盐浓度、pH 值及其相互作用对黑果枸杞种子的萌发有抑制作用，且盐浓度是决定性的主导因素（表 2-17，表 2-18）。

表 2-17　不同盐碱胁迫下黑果枸杞种子的萌发率

处理组	浓度（mmol/L）	萌发率（%）	恢复萌发率（%）	最终萌发率（%）
CK	0	65.6±5.4a	0.0±0.0a	65.6±5.4a

（续表）

处理组	浓度 （mmol/L）	萌发率 （%）	恢复萌发率 （%）	最终萌发率 （%）
A	50	39.4±1.0b	42.1±6.3c	65.0±3.3a
	100	16.1±1.0c	49.0±2.6d	57.2±1.9b
	150	7.8±1.0d	36.2±2.1bc	41.1±2.5c
	200	6.1±2.55e	31.4±2.4b	35.6±2.5c
B	50	24.4±3.5b	22.1±2.2b	41.1±3.5b
	100	8.9±2.5c	28.0±3.2c	34.4±1.9c
	150	6.7±1.7c	27.4±2.4c	32.2±1.9c
	200	6.7±1.7c	25.6±2.6bc	30.6±2.5c
C	50	18.3±1.7b	16.3±1.9b	31.7±1.7b
	100	7.2±2.5c	20.4±1.6c	26.1±3.5c
	150	6.1±1.9c	20.1±0.9c	25.0±1.7c
	200	5.6±1.9c	20.0±0.6c	24.4±1.0c
D	50	17.2±1.0b	12.8±1.3b	27.8±1.9b
	100	7.7±1.9c	15.1±0.9bc	21.7±1.7c
	150	6.1±1.0c	15.4±2.7c	20.6±2.5c
	200	5.0±1.7c	15.2±1.1bc	19.4±19c

资料来源：（詹振楠，2018）

表 2-18　混合盐碱胁迫对黑果枸杞种子萌发参数的影响

处理组	浓度 （mmol/L）	发芽势 （%）	发芽指数	相对盐害率 （%）
CK	0	40.6±10.8a	16.4±1.6a	0.0±0.0a
A	50	17.2±1.0b	7.7±1.3b	39.8±1.5b
	100	9.4±1.0bc	5.2±0.6c	75.4±1.5c
	150	6.1±1.0c	3.3±1.0cd	88.1±1.5d
	200	3.9±2.5c	2.2±1.2d	90.7±3.9d

（续表）

处理组	浓度 （mmol/L）	发芽势 （%）	发芽指数	相对盐害率 （%）
B	50	12.2±1.0b	6.9±1.1b	62.7±5.3b
	100	6.1±1.9b	2.4±0.5c	86.4±3.9c
	150	4.4±1.9b	1.9±0.9c	89.8±2.5c
	200	3.9±1.0b	1.7±0.8c	89.8±2.5c
C	50	8.3±1.7b	3.7±1.1b	72.0±2.5b
	100	6.1±3.5b	2.6±1.0bc	89.0±3.9c
	150	3.9±2.5b	2.0±0.7bc	90.7±2.9c
	200	3.3±1.7b	1.7±0.6c	91.5±2.9c
D	50	6.1±1.0b	2.9±0.8b	73.8±1.5b
	100	3.9±1.0b	1.9±0.8b	88.1±2.9c
	150	3.3±1.7b	1.5±0.7b	90.7±1.5cd
	200	2.2±1.0b	1.4±1.6b	92.4±2.5d

资料来源：（詹振楠，2018）

　　罗君等（2017）于2014年在民勤开展了不同盐度溶液对黑果枸杞萌发和幼苗生长的影响研究。结果表明：淡水条件下，黑果枸杞种子的萌发及幼苗生长优于盐水条件；在室内培养试验中，黑果枸杞种子累积萌发数和萌发率随浇灌水盐度的增加而减少（表2-19）；室外大田试验淡水处理下黑果枸杞种子累积萌发数和萌发率高于其他盐度处理；黑果枸杞种子萌发和幼苗生长对盐胁迫较敏感，其形态和生理均显示出抑制特征，不同处理的幼苗根芽比随着培养液盐度的增加而增加。大田种植时，降低表层土壤盐度是黑果枸杞成功建殖的关键（表2-20）。

表2-19　培养皿试验和大田试验不同处理的种子累积萌发率　　（单位：%）

处理	培养试验	大田试验
T1	93.33±0.82a	32.56±0.64a
T2	87.33±1.34ab	20.11±0.68bc
T3	83.3±1.11b	29.11±1.80ab
T4	68.67±0.62c	21.33±1.50b

资料来源：（罗君等，2017）

表 2-20　培养皿试验和大田试验不同处理种子萌发及幼苗生长的形态指标

处理	培养皿试验					大田试验
	根（cm）	芽（cm）	根/芽	萌发指数（GI）	活力指数（VI）	萌发指数（GI）
T1	2.84±0.03a	4.29±0.1a	0.66±0.08c	5.73±0.23a	16.28±0.50a	5.70±0.5a
T2	2.52±0.08ab	2.90±0.23b	0.87±0.1bc	5.20±0.21ab	13.09±0.49ab	2.87±0.71c
T3	2.15±0.02b	2.23±0.07bc	0.96±0.04b	4.71±0.28b	10.12±0.54b	3.90±0.54b
T4	1.69±0.09c	1.29±0.1c	1.33±0.11a	3.93±0.08c	6.65±0.38bc	2.71±0.54cd

注：数据为平均值±标准差，同列数据后不同字母表示在 0.05 水平下显著

资料来源：（詹振南，2018）

2. 盐分胁迫对黑果枸杞幼苗特性的影响

有研究表明，盐分胁迫使黑果枸杞叶片中脯氨酸含量急剧上升，是其适应逆境环境的一种有效方式，王龙强等（2011）采用不同浓度 NaCl 溶液处理盐生药用植物黑果枸杞幼苗，通过测定细胞质膜透性（相对电导率）、丙二醛（MDA）、脯氨酸（Pro）和可溶性糖等的变化，探讨黑果枸杞幼苗的耐盐机制。结果表明，叶片中的相对电导率和丙二醛含量随 NaCl 浓度的提高和胁迫时间的延长逐渐增大，且高浓度盐处理下质膜伤害程度和 MDA 积累幅度均相对较大；脯氨酸含量随 NaCl 浓度的增加而大幅增加，其中，在胁迫第 6 天，200mol/L、300mol/L、400mol/L 和 500mol/L NaCl 处理的增加幅度分别高达 405.78%、800.11%、773.78% 和 747.51%，同时，随着胁迫时间的延长表现出先增加后下降的倒 "V" 形趋势，但总体还是呈现增加态势；可溶性糖含量在胁迫初期，随着盐浓度的增加呈现先下降后上升的 "V" 形态势，且随胁迫时间的增加，各处理叶片中可溶性糖含量的变化规律与脯氨酸的一致，但其最大值出现在胁迫第 18 天，比胁迫初期分别增加 64.62%、83.15%、106.60%、207.00% 和 186.70%。此研究认为，在盐胁迫下，黑果枸杞可以通过在其体内积累大量的有机渗透物质以适应外界不利环境。

张荣梅等（2016）以黑果枸杞二生实生苗为材料，测定在不同质量分数 NaCl 胁迫下黑果枸杞叶片生理指标的变化趋势，采用主成分分析各指标在其抗盐性评价中的作用．结果表明，随着 NaCl 质量分数的升高，黑果枸杞叶片含水量、相对含水量、自由水和束缚水呈下降趋势，因此得出黑果枸杞能在生长过程中的不同时期协作调整自身水分来提高抗盐性。

3. 外源化学物质对盐分胁迫的影响

已有研究表明，加入某些外源物质在一定程度上可缓解盐分胁迫对植物的伤害。盐分胁迫下，黑果枸杞叶片中积累大量脯氨酸和可溶性糖，近年来有对外源钙、外源甜菜碱、外源水杨酸和外源硅对盐分胁迫的影响研究。

（1）外源钙对盐分胁迫的影响

研究表明，Ca^{2+} 参与多种逆境胁迫过程，如盐胁迫、低温、高温和氧胁迫等，可以提高植物的抗逆性能力。研究发现 $CaCl_2$ 能够有效地缓解盐胁迫对黑果枸杞种子及幼苗产生的伤害，提高种子及幼苗的抗盐能力。王恩军等（2014）等通过对黑果枸杞种子萌发及幼苗生理特性的影响，寻找提高黑果枸杞种子及幼苗在盐胁迫下抗性能力的途径。测定盐胁迫下黑果枸杞种子在不同浓度的外源 $CaCl_2$ 处理后，发芽率（Gr）、发芽势（Gv）、发芽指数（Gi）、活力指数（Vi）和相对盐害率的变化，并对黑果枸杞幼苗的含水量、叶绿素量、可溶性蛋白质量、相对电导率、丙二醛量（MDA）和过氧化物酶（POD）的活性进行了测定。结果表明，低浓度的 NaCl 处理，对黑果枸杞种子的萌发具有促进作用，高浓度的处理则有抑制作用。经不同浓度的 $CaCl_2$ 处理后，萌发指标均有所升高。随着 NaCl 处理浓度的增加，幼苗含水量、叶绿素量逐渐减少，丙二醛（MDA）、相对电导率呈增加趋势，可溶性蛋白质量和 POD 活性均不同程度的表现为先上升后下降的趋势。在外源 $CaCl_2$ 处理后，幼苗含水量、叶绿素量下降幅度变小，丙二醛（MDA）、相对电导率的上升幅度变小，POD 活性的下降幅度变小（表2-21）。

表2-21 黑果枸杞种子的相关萌发指标

处理	处理浓度（mmol/L）	萌发率（%）	发芽势（%）	发芽指数	活力指数	相对盐害率（%）
NaCl	0	66.25±2.17a	40.83±0.83b	7.63±0.15a	38.15±0.29a	0.00±0ef
	25	69.17±3.63a	55.00±3.14a	8.00±0.10a	40.72±0.94b	−0.04±0.05f
	50	63.33±2.20a	34.17±1.67b	5.90±0.12b	22.23±0.79c	0.05±0.03e
	100	45.00±1.44b	16.67±0.83c	4.40±0.21c	13.84±1.27d	0.32±0.02d
	150	22.50±1.44c	9.17±1.64cd	1.60±0.21d	3.723±0.67e	0.66±0.02c
	200	7.52±1.45d	3.33±0.83de	0.60±0.17e	1.15±0.34f	0.89±0.02b
	300	0e	0e	0f	0f	1.00a

（续表）

处理	处理浓度（mmol/L）	萌发率（%）	发芽势（%）	发芽指数	活力指数	相对盐害率（%）
NaCl+	0+0	66.25±2.17a	40.83±0.83b	7.63±0.15b	38.40±0.21a	0d
CaCl₂	25+25	72.50±3.21a	64.17±3.21a	8.13±0.12a	35.82±2.43a	−0.09±0.02d
	50+50	66.68±0.84a	41.00±2.89b	7.83±0.03c	38.94±0.54b	−0.01±0.01d
	100+100	50.03±1.44b	18.00±2.08c	5.00±0.06d	17.00±0.43c	0.25±0.02c
	150+150	24.17±2.21c	11.67±2.20cd	2.33±0.08e	7.15±0.32d	0.64±0.03b
	200+200	8.33±0.83d	3.33±0.83cd	1.17±0.09f	2.72±0.27e	0.87±0.01a
	300+300	0d	0d	0g	0e	1.00a

注：不同字母表示在 0.05 水平下显著

资料来源：（王恩军等，2014）

（2）外源甜菜碱对盐分胁迫的影响

甘氨酸甜菜碱是一种在较大生理 pH 值范围内呈电中性的季铵类化合物，极易溶于水，广泛分布在植物、动物和细菌体内。近年来，外源甜菜碱与植物抗逆性的研究日益受到人们的重视，在盐胁迫、水分及低温等胁迫下，一些植物均检测到较高浓度的甜菜碱类化合物的积累。甜菜碱作为渗透调节剂、酶的保护剂，其积累使许多代谢关键酶在渗透胁迫下能继续保持活性，在一定程度上保持了盐胁迫下细胞膜的完整性。甜菜碱能有效减缓盐胁迫对黑果枸杞种子萌发及幼苗生长产生的伤害，提高种子及幼苗的抗盐能力。王恩军等（2014）研究结果表明，随着 NaCl 浓度的增加，超氧化物歧化酶（SOD）、过氧化物酶（POD）和过氧化氢酶（CAT）活性均不同程度地表现为"先上升，后下降"的趋势。在添加外源甜菜碱处理后，各 NaCl 浓度处理下的 SOD、POD 和 CAT 活性均有不同程度的增加。

黑果枸杞幼苗对外源甜菜碱的生理响应使黑果枸杞叶片中脯氨酸、有机酸、可溶性糖等含量增加进而来维持细胞较高的渗透压，表现出一定的抗盐性。有研究发现，黑果枸杞叶片在土壤全盐含量分别为 0.4% 和 0.1% 两种天然土壤环境中显现出旱生植物以及盐生植物形态结构的典型特征。米永伟等（2012）以盐生植物黑果枸杞幼苗为试验材料，在 300mmol/L NaCl 胁迫下，用 0.5mmol/L、1.0mmol/L 和 2.0mmol/L 甜菜碱根灌处理，第 7 天和第 14

天时测定黑果枸杞幼苗叶片主要生理指标的变化。结果表明，在盐胁迫下，黑果枸杞叶片叶绿素总量、质膜相对电导率、MDA、脯氨酸和可溶性糖含量均显著增加；在等盐分胁迫下，黑果枸杞幼苗经过甜菜碱处理后，MDA 和膜透性伤害率显著降低，叶绿素总量、脯氨酸和可溶性糖的含量显著提高，并随胁迫时间的延长，有效抑制了 MDA 的产生，缓解了对细胞膜的伤害，同时进一步提高了叶绿素总量、脯氨酸和可溶性糖的含量。说明盐胁迫下施用适宜浓度的甜菜碱可改善黑果枸杞幼苗的耐盐能力，提高其对盐胁迫逆境的适应性（表 2-22、表 2-23、表 2-24、表 2-25）。

表 2-22　外源甜菜碱对盐胁迫下黑果枸杞叶片叶绿素含量的影响

处理	第7天		第14天	
	总含量	Chl a/Chl b	总含量	Chl a/Chl b
对照	0.95±0.04Cd	2.98±0.30Aa	0.94±0.01Cc	3.09±0.11Aa
T1	1.08±0.01Bc	2.09±0.05Bc	0.98±0.01Cc	2.33±0.04Cd
T2	1.07±0.01Bc	2.61±0.11Ab	1.08±0.01Bb	2.80±0.09Bc
T3	1.12±0.01ABbc	2.63±0.12Ab	1.28±0.06Aa	2.81±0.01Bbc
T4	1.18±0.04Aa	2.74±0.04Aab	1.31±0.01Aa	2.92±0.01Bb

注：同列不同小写字母表示在 0.05 水平差异显著，不同大写字母表示在 0.01 水平差异显著。下同

表 2-23　外源甜菜碱对盐胁迫下黑果枸杞叶片相对电导率和伤害率的影响

处理	第7天		第14天	
	相对电导率	伤害率	相对电导率	伤害率
对照	21.60±1.44Cd	—	21.15±1.25De	—
T1	49.68±2.06Aa	1.30±0.06Aa	62.32±1.89Aa	1.95±0.06Aa
T2	39.58±1.63Bb	0.84±0.20Bb	48.37±2.15Bb	1.30±0.24Bb
T3	36.57±1.53Bbc	0.69±0.05Bb	42.80±1.89Cc	1.03±0.12Bb
T4	34.85±2.03Bc	0.62±0.17Bb	38.75±1.21Cd	0.89±0.17Bc

表 2-24　外源甜菜碱对盐胁迫下黑果枸杞叶片丙二醛和脯氨酸含量的影响

处理	叶片丙二醛（MDA）		脯氨酸	
	第7天	第14天	第7天	第14天
对照	3.24±0.12Dd	3.43±0.04Dd	18.99±0.39De	28.90±0.60De

（续表）

处理	叶片丙二醛（MDA）		脯氨酸	
	第 7 天	第 14 天	第 7 天	第 14 天
T1	7.70±0.14Aa	8.04±0.18Aa	92.84±5.09Cd	102.27±3.97Cd
T2	5.90±0.48Bb	6.38±0.58Bb	116.04±4.18Bc	150.54±6.64Bc
T3	5.03±0.17Cc	4.78±0.41Cc	193.95±12.17Aa	218.33±6.96Aa
T4	4.84±0.12Cc	4.54±0.17Cc	133.09±5.65Bb	139.22±7.73Bb

表 2-25　外源甜菜碱对盐胁迫下黑果枸杞叶片可溶性糖含量的影响

处理	第 7 天	第 14 天
对照	8.47±0.16Dd	8.93±0.21Dd
T1	9.19±0.41Dd	11.23±0.33Cc
T2	12.09±0.23Cc	15.64±0.44Bb
T3	16.84±0.87Bb	21.92±0.38Aa
T4	18.17±0.46Aa	22.65±1.68Aa

（3）水杨酸对盐分胁迫的影响

SA 是一种简单酚类化合物，在植物体内作为信号分子参与多种代谢调控，可诱导植物对高温、低温、干旱、盐害等产生一定抗性。郝转（2019）以黑果枸杞种子为试验材料，在 150mmol/L NaCl（中性盐）和 10mmol/L Na_2CO_3（碱性盐）的盐溶液条件下，研究水杨酸不同浓度（0，0.5mmol/L，1.0mmol/L，1.5mmol/L，2.0mmol/L）浸种对种子发芽的影响。结果表明：中性盐和碱性盐均抑制枸杞种子萌发，但中性盐抑制作用重于碱性盐；低浓度水杨酸能缓解盐对枸杞种子的胁迫，水杨酸 1.0mmol/L 处理时，受盐胁迫的枸杞种子萌发好，生长状态最佳；高浓度水杨酸不能缓解盐对枸杞种子的胁迫（表 2-26）。

表 2-26　2 组盐胁迫下水杨酸溶液不同浓度处理黑果枸杞种子的萌发情况

盐胁迫类型	水杨酸浓度处理	发芽势（%）	发芽率（%）	发芽指数
中性盐 NaCl	CK	24.35	40.35	7.04
	T1	3.30	11.00	1.89
	T2	4.00	13.30	2.00
	T3	6.00	14.70	2.05
	T4	3.30	8.00	0.99
	T5	0.00	5.30	0.53

（续表）

盐胁迫类型	水杨酸浓度处理	发芽势（%）	发芽率（%）	发芽指数
碱性盐 Na_2CO_3	CK	24.35	40.35	7.04
	T1	14.70	20.70	3.53
	T2	18.70	22.70	4.36
	T3	20.00	30.00	5.29
	T4	18.00	24.70	4.54
	T5	12.00	20.00	3.16

（4）硅对黑果枸杞耐盐性的影响

近年来有研究结果显示，加入外源硅可显著降低黑果枸杞幼苗体内二者的水，对盐害起到缓解作用，且适宜的高浓度比低浓度缓解效应更为明显。

沈慧等（2012）以盐生植物黑果枸杞幼苗为材料，NaCl胁迫下设置不同硅浓度处理，并在处理后第7天和第14天，对叶片叶绿素、质膜相对透性、丙二醛（MDA、脯氨酸（Pro）和可溶性糖共5种生理指标进行测定，以探讨外源硅对盐胁迫下黑果枸杞生理特性的影响。结果表明，在盐胁迫下，黑果枸杞叶片叶绿素总量、质膜相对透性、MDA、脯氨酸和可溶性糖含量均显著增加；硅浓度大于1mmol/L时可显著增加盐胁迫下的叶绿素总量和叶绿素a/b，并降低质膜相对透性、MDA、脯氨酸和可溶性糖含量；随处理时间的延长，硅处理下5种生理指标的降幅或增幅均小于盐胁迫处理，而当硅浓度为4mmol/L和8mmol/L时，叶绿素总量、叶绿素a/b、MDA和脯氨酸含量的变化趋势与盐胁迫处理的相反，可见适宜浓度的硅可缓解盐胁迫对黑果枸杞幼苗的伤害。

（二）抗干旱

干旱胁迫严重影响植物的形态结构、光合生长和代谢水平，植物只有适应这种干旱环境才能生存。

1. 干旱胁迫对黑果枸杞生长的影响

研究表明，在干旱地区，黑果枸杞的生长发育时刻受到干旱胁迫的影响，为保证正常生长，黑果枸杞通过调整各部位的生长，实现对生存资源的最大利用。李永洁等（2014）以黑果枸杞幼苗为试验材料，采用称重控水的方法，设置4个水分处理水平（对照CK、轻度胁迫 D_1、中度胁迫 D_2、重度胁迫 D_3），研究黑果枸杞幼苗对不同程度干旱胁迫的生理生化响应。结果显示，随着干旱胁迫的加剧，黑果枸杞幼苗株高、基径生长量、生物量积累和叶重比在轻度胁迫下升高，中、重度胁迫下降低；根重比、根冠比在轻、中度胁迫下升高，重度胁迫下降低。

2. 干旱胁迫对黑果枸杞光合作用的影响

当土壤水分含量较低时，黑果枸杞利用根系只能从土壤中获得少量的水分，为了防止水分流失，关闭气孔，以减少二氧化碳的摄取和水分的蒸发，从而使光合作用降低。耿生莲（2012）对盆栽的二年生黑果枸杞采用土壤人工控水方式进行干旱生理试验，通过叶片光合参数的变化规律，研究黑果枸杞对土壤干旱的相对适应性。结果表明，土壤含水量在5%时，对黑果枸杞叶片生理作用形成胁迫；在不同土壤水分条件下，黑果枸杞净光合速率、蒸腾速率的日变化均呈双峰曲线，水分利用效率的日变化因土壤含水量的不同表现出不同的线型；净光合速率、蒸腾速率和水分利用率与土壤含水量的相关系数分别为0.949、0.917和0.904，土壤含水量与净光合速率随土壤水分变化的趋势为二次三项式，蒸腾速率和水分利用率随土壤水分变化的趋势为三次四项式；最适于光合作用、蒸腾作用和叶片水分利用的土壤含水量分别为17.2%、18.0%和17.6%；土壤水合补偿点为3.81%，从而证明黑果枸杞为较耐旱树种。

郭有燕等（2016）以当年生黑果枸杞幼苗为试验材料，通过称重控水的方法设置对照（土壤含水量为32.96%~35.35%）、轻度干旱胁迫（土壤含水量为21.18%~22.32%）、中度干旱胁迫（土壤含水量为12.20%~13.82%）和重度干旱胁迫（土壤含水量为7.89%~8.73%）4个水分梯度，研究了干旱胁迫对黑果枸杞叶片光合色素、光合特性、叶绿素荧光特性的影响，以揭示黑果枸杞对干旱胁迫的适应能力和适应机制。结果显示：第一，随着干旱胁迫强度的增加，黑果枸杞幼苗叶片叶绿素含量、类胡萝卜素含量均呈显著下降趋势。第二，黑果枸杞幼苗叶片净光合速率（Pn）、蒸腾速率（Tr）、气孔导度（Gs）在中度和重度干旱胁迫下显著下降；其胞间 CO_2 浓度（Ci）、水分利用效率（WUE）随干旱胁迫强度的增加而逐渐增加，而气孔限制值（Ls）随干旱胁迫强度的增加而逐渐降低。第三，随着土壤含水量的降低，黑果枸杞幼苗叶片初始荧光（F0）和非光化学猝灭系数（qN）逐渐增加，而其最大荧光（Fm）、PSⅡ最大光化学效率（Fv/Fm）、实际光化学效率（ΦPSⅡ）和光化学猝灭系数（qP）均逐渐降低。研究表明，在干旱胁迫条件下，黑果枸杞叶片过多的能量以热的形式被耗散，反应中心开放程度降低，从而避免PSⅡ反应中心受到损伤，表现出一定的耐旱性；黑果枸杞生长所允许的最大土壤水分亏缺为7.89%，维持黑果枸杞具有较高的WUE 和 Pn 的土壤水分阈值为12.20%~13.82%（表2-27）。

表2-27　干旱胁迫下黑果枸杞幼苗光合色素含量的变化

胁迫水平	叶绿素 a Chl a（mg/g）	叶绿素 b Chl b（mg/g）	叶绿素 Chl（a+b） （mg/g）	叶绿素 a/b Chl a/b	类胡萝卜素 Car（mg/g）	叶绿素/类胡萝卜素 Chl（a+b）/Car
CK	2.92±0.00a	2.29±0.01a	5.21±0.01a	1.27±0.00b	0.47±0.00a	11.20±0.09d
T1	2.83±0.01b	2.23±0.02b	5.06±0.04b	1.27±0.01b	0.41±0.01b	12.46±0.09c
T2	2.63±0.01c	2.06±0.01c	4.68±0.01c	1.28±0.00b	0.31±0.01c	15.02±0.20b
T3	2.57±0.00d	1.93±0.00d	4.50±0.00d	1.33±0.00a	0.27±0.00d	16.73±0.10a

注：CK、T1、T2、T3分别表示对照及轻度、中度和重度干旱胁迫处理；同列不同字母表示处理间在0.05水平存在显著性差异

3. 干旱胁迫对黑果枸杞保护酶系统的影响

超氧化物歧化酶（SOD）、过氧化氢酶（CAT）和过氧化物酶（POD）是植物体内清除活性氧的 3 种重要酶，是植物细胞抵抗活性氧伤害的酶保护系统，在保护细胞膜正常代谢、控制膜脂过氧化、清除超氧自由基方面起重要作用。李永洁等（2014）研究表明，在干旱胁迫初期，黑果枸杞幼苗叶内 SOD 活性逐渐升高，但后期由于长期胁迫，SOD 仍能与超氧阴离子反应，活性已逐渐降低，幼苗受到伤害；因黑果枸杞幼苗忍受的活性氧水平存在阈值，所以 POD 和 CAT 活性呈先增加后降低的趋势，且随着干旱胁迫程度越高、时间越长，二者活性就越低，在阈值之内幼苗通过提高保护酶活性，有效清除过氧化物，减轻伤害，一旦超过阈值幼苗保护酶活性就会下降，其体内活性氧的积累超过自身清除能力，幼苗就会受到损害；从 SOD、POD 和 CAT 活性的不一致性变化可看出，黑果枸杞幼苗有较强的抗氧化酶诱导合成能力，并可通过各种酶的协同作用，提高自身抗旱能力，但长期重度胁迫仍会使其受到伤害。

（三）抗寒性

齐延巧等（2016）以黑果枸杞和宁夏枸杞为试材，选取一年生休眠枝条分别在 -15℃（CK）、-18℃、-21℃、-24℃、-27℃、-30℃、-33℃、-36℃、-39℃、-42℃、-45℃和-48℃下进行人工低温处理。测定枝条的相对电解质渗出率、丙二醛（MDA）、脯氨酸（Pro）、可溶性糖含量和枝条恢复生长率，并拟合 Logistic 曲线方程，计算临界半致死温度（LT50）。相对电解质渗出率和脯氨酸含量与枸杞一年生枝条的抗寒性相关显著，其次为可溶性糖和 MDA 含量，结合恢复生长率，可以直观、准确地反映枸杞的抗寒能力；两品种枸杞枝条的半致死温度在-35℃至-26℃，均达到显著水平。两品种枸杞枝条的半致死温度与抗寒性关系依次为：电解质渗出率>脯氨酸>可溶性糖>MDA。'黑杞 1 号'半致死温度在-35℃至-29℃，'宁杞 7 号'在-33℃至-26℃，'黑杞 1 号'的抗寒性强于'宁杞 7 号'（表 2-28）。

表 2-28　低温处理后枸杞枝条的半致死温度

生理指标	品种	回归方程	LT_{50}（℃）	相关系数
相对电解质生出率	黑杞 1 号	$Y = 100.00 / (1 + 3.910 \cdot e^{-0.041t})$	-33.257	0.944[**]
（%）	宁杞 7 号	$Y = 100.00 / (1 + 3.070 \cdot e^{-0.038t})$	-29.518	0.918[**]

（续表）

生理指标	品种	回归方程	LT_{50}（℃）	相关系数
MDA 含量	黑杞 1 号	$Y = 19.90/（1+3.506 \cdot e^{-0.043t}）$	−29.174	0.737[*]
（mg/g）	宁杞 7 号	$Y = 22.81/（1+2.764 \cdot e^{-0.039t}）$	−26.067	0.781[*]
Pro 含量	黑杞 1 号	$Y = 92.69/（1+2.387 \cdot e^{-0.025t}）$	−334.801	0.866[*]
（μg/g）	宁杞 7 号	$Y = 82.31/（1+1.876 \cdot e^{-0.021t}）$	−29.959	0.889[*]
SS 含量	黑杞 1 号	$Y = 20.98/（1+2.941 \cdot e^{-0.031t}）$	−34.798	0.902[**]
（%）	宁杞 7 号	$Y = 17.47/（1+31.871 \cdot e^{-0.019t}）$	−32.972	0.797[*]

刘秋辰等（2017）为了筛选抗寒性较高，能适应新疆北疆冬季低温的黑果枸杞类型，以 3 个野生型及其相应的优选系黑果枸杞枝条为试验材料，在 4℃（对照）、−25℃、−30℃、−35℃和−40℃条件下进行生理指标测定，对各指标间相关性进行分析，采用主成分分析法、隶属函数法对不同类型黑果枸杞枝条抗寒力进行评价。结果显示：6 个类型黑果枸杞枝条的相对电导率呈上升趋势；丙二醛含量呈"升—降—升"的变化趋势；超氧化物歧化酶活性先下降后上升，过氧化物酶、过氧化氢酶活性、可溶性蛋白、可溶性糖含量类型间变化趋势不同，脯氨酸含量呈"升—降—升—降"的变化趋势。

相关性分析结果表明，丙二醛与相对电导率呈极显著正相关，可溶性糖与相对电导率呈显著负相关。结果表明：MDA 含量、SOD、CAT 活性、可溶性糖含量可作为判断黑果枸杞枝条抗寒性的关键性指标（表 2-29）。

表 2-29 8 个生理指标与相对电导率的相关性分析

指标	相对电导率	MDA	SOD	POD	CAT	可溶性蛋白	可溶性糖	脯氨酸
相对电导率	1.000							
MDA	0.500[**]	1.000						
SOD	0.542[**]	0.202	1.000					
POD	0.387[*]	0.574[**]	0.281	1.000				
CAT	0.554[**]	0.319	0.644[**]	0.399[*]	1.000			
可溶性蛋白	0.166	0.298	0.198	0.473[**]	0.084	1.000		
可溶性糖	−0.390[*]	−0.309	−0.089	0.021	−0.084	0.119	1.000	
脯氨酸	0.269	0.141	0.191	0.014	0.270	−0.428[*]	−0.320	1.000

注：* 和 ** 分别表示在 0.05 和 0.01 水平差异显著

第三章　黑果枸杞繁殖技术

第一节　繁殖技术

苗木是黑果枸杞的生产基础，直接影响黑果枸杞的产量和品质。在生产实践中，黑果枸杞育苗是一个极其关键的环节，具体涉及对外界环境的调控和对苗木本身特性的利用等方面。目前，从设施建造、内部配置、苗木培育等方面为园艺植物和林业的生产用苗提供了良好的繁育技术条件，生产实践的发展也越来越倾向于专业化的集中育苗。在苗木育种繁殖工作中，应该强化技术的运用，要以苗木育种繁殖的基本控制条件为切入点，建立苗木育种繁殖技术和体系，在突出苗木育种繁殖基本要点的同时，突出管理对苗木育种繁殖工作的价值和作用，建立苗木育种繁殖管理的新模式，为苗木育种繁殖的稳定、快速和科学发展奠定管理基础。

一、苗木育种繁殖

苗木育种繁殖是园艺植物与其林业的生产和建设的前提，为林业生产提供基础性的材料和资源。挖掘苗木育种繁殖工作的潜力，发挥苗木育种繁殖的优势，建立苗木育种繁殖的新模式已成为林业发展的重要工作。苗木质量不仅影响林业造林成活率，也影响林木初期生长速度。用壮苗种植是提高其成活率、实现林木速生丰产的基本措施。

（一）苗木育苗的类型

长期的育苗实践中，人们创造了多种不同的育苗方法和形式，并且各有特点。

1. 按育苗设施分类

育苗方法包括阳畦育苗、酿热温床育苗、电热温床育苗、保温育苗、现代化温室育苗等。

2. 按育苗基质分类

（1）有土育苗

用天然土壤作为栽培基质进行育苗的方式。

（2）无土育苗

不用天然土壤，而用营养液或固体基质加营养液进行育苗的方法。根据栽培床是否使用固体的基质材料，将其分为固体基质育苗和非固体基质育苗。固体基质育苗是指作物根系生在各种天然或人工合成的固体基质环境中，通过固体基质固定根系，并向作物供应营养和氧气的方法。棍据选用的基质不同可分为不同类型，有沙砾、珍珠岩、锯木、秸秆、泥炭、炉渣等。非固体基质育苗是指根系直接生长在营养液或含有营养成分的潮湿空气之中，它可分为水培和雾培两种类型。

3. 按繁殖原理分类

（1）播种育苗

即利用植物的种子培育新个体的方法。它在林业占有重要地位，特别是灌木、果树砧木等。

（2）扦插育苗

将植物营养器官的一部分插入苗床基质中，利用其再生能力获得完整新植株的方法。生产中以枝插应用最为广泛。

（3）嫁接育苗

将一种植物的枝或芽嫁接在另一种植物的茎或根上，使两者形成独立新植物株的方法，包括芽接、枝接、根接三大类。

（4）组织培养育苗

通过无菌操作，把植物材料（外植体）接种在人工培养基上离体繁育苗木的方法。组织培养育苗已被广泛应用到了脱毒苗生产和工厂化育苗中。

（5）其他育苗

包括分生育苗、压条育苗和根茎育苗等。

4. 按育苗容器分类

（1）营养块育苗

即将培养土压制成块状用于育苗。营养块中含有作物生长所需的各类营养物质，水、气协调能力强，但因土方较重，难以远距离运输。

（2）育苗钵育苗

利用盛装营养土的钵状容器繁育苗木。这是木本植物现代育苗中的重要方法，目前的钵体主要有塑料钵、泥炭钵、纸钵、TODD 钵等。

（3）穴盘育苗

以草炭、蛭石等轻基质材料作育苗基质，采用机械化精量播种，一次成苗的现代化育苗体系。

（4）其他育苗

包括利用育苗箱、育苗袋、石棉育苗块、育苗格板、育苗板、育苗碟等进行育苗。

（二）苗木育种繁殖的基本条件

1. 苗木育种繁殖对土壤的要求

土壤的理化性能和生物学特征直接决定着苗木育种繁殖的质量和速度，在苗木育种繁殖中要重点考虑土壤的性质，要对苗木育种繁殖所使用的土壤进行化验和认真检查，剔除各种不利于苗木育种繁殖的因素，确保苗木育种繁殖的顺利开展。

2. 苗木育种繁殖对水质的要求

水是苗木繁衍和生长的重要物质，水质直接决定着苗木育种繁殖的质量和效率，在苗木育种繁殖过程中既要避免水质不好而影响苗木的生产，同时，也要预防过分提高水分、水质，造成苗木育种繁殖过程中水的浪费。要以苗木的生产和繁殖需要为前提，控制、改良、调整水质，有效提升苗木育种繁殖的结果。

3. 苗木育种繁殖的基本要点

（1）做好不同时期苗木的育种繁殖工作

苗木育种繁殖过程可以划分为全满期阶段、旺长阶段、缓慢阶段和退化阶段。全满期阶段的管理工作要做到苗木生长环境干净无污染。旺长阶段是苗木生长最旺盛的阶段，所以相对于其他时期，对水分养料的需求是较大的，因此，这一阶段的主要管理工作是提供最充足的营养和水分，来保持和延迟苗木的最繁盛时期。缓慢阶段，是指苗木已从壮年时期迈入老龄阶段，随之出现的是退化现象。

（2）及时调整育种和繁殖苗木的结构

苗木育种繁殖工作要紧跟时代的发展，当前，随着科学技术的进步，人们对生态与环境的认知正在不断提高，对苗木的培养技术和生长效果提出了更高的要求。要及时根据市场需求调整苗木育种繁殖的形式和内容，使育种和繁育种植结构更加合理，适应发展育种和繁殖苗木结构的需要。

（3）苗木育种繁殖管理工作的注意要点

①加强苗木育种繁殖的温度管理工作。苗木育种繁殖过程中的温度是重要的参量，特别是在东北、华北和西北地区，该区域存在长时间的低温天气，这就要求在苗木育种繁殖工作中做好保温和抗寒工作，使苗木在育种繁殖过程中具有针对性，让苗木育种繁殖质量有科学的保障，在强化苗木育种繁殖关键环节控制和管理的基础上，提升对苗木育种繁殖的质量。

②加强苗木育种繁殖的抗旱管理。在苗木育种繁殖过程中，需要消费大量的水。我国大部分区域干旱时间长，降雨次数和数量不足，给苗木育种繁殖带来质量和效果的制约。在苗木育种繁殖过程中，在管理工作上，要强化抗旱内容，根据苗木的品种、生长和繁殖习性，有针对性地进行防风、遮阳、灌溉工作，避免苗木水分大量流失，为苗木育种繁殖做好技术和管理工作。

③加强苗木育种繁殖的施肥管理。在苗木育种繁殖过程中，肥料对苗木生长有着重要的影响。因此，在苗木育种繁殖管理体系中，应重视施肥的环节。苗木育种繁殖过程中最好选用矿物质、无机物、有机肥料相混合的使用方式，要根据苗木育种繁殖的规律把握施肥的实际需求量，在苗木的萌发期、速生期要增加施肥的数量，科学管理苗木育种繁殖的质量。

④实现苗木育种繁殖的多样化。城市绿化工程和环境工程需要多样化的苗木作为基础，因此，在苗木育种繁殖过程中要注意物种的多样化和丰富性，要避免传统苗木育种繁殖的同质竞争，从城市文化特征、区域生态和环境特色、苗木育种繁殖特点等环节入手，有针对性地展开管理工作，建立多样化苗木育种繁殖的管理体系，实现齐头并进、协调发展的战略性目标。

⑤加强苗木育种繁殖的移植管理。移植是苗木育种繁殖的重要环节，移植工作的管理关乎整个苗木育种繁殖工作的成败。在苗木移植的过程中，要从苗木品种、规格和区域方面进行严格管理，制定移植工作的策略和方法，全面控制移植的各个环节，使苗木移植体现出管理的科学性，有效保障苗木移植的成活率。

二、黑果枸杞种子育苗

黑果枸杞育苗分为种子育苗、扦插育苗、组培快繁育苗和根蘖育苗等。可在露地进行，也可在温室、大棚或小拱棚等设施内进行。黑果枸杞的规模化种植的关键因素之一为种苗的质量。由于黑果枸杞的独有特性，成苗率较低、苗木品质不高，限制了黑果枸杞的规模化种植，在种植之前，必须要选择经驯化的优质种苗，野生黑果枸杞没有经过驯化和选育，不能作为种苗进行人工栽培，因为其生长特性不稳定，挂果无保障，稳定性很差，极易产生变异，所以经过人工驯化优选优育的苗才是关键之一。

（一）种子育苗

随着黑果枸杞的药用价值逐渐为人所知，人们对黑果枸杞的需求量也逐渐增加，目前对黑果枸杞的过度采摘和非法盗采对原生地野生植物资源和脆弱的生态环境产生了相当程度的破坏，因此，对黑果枸杞进行人工驯化与繁殖栽培是保护黑果枸杞野生资源、发展黑果枸杞产业的必由之路。

1. 种子采集与处理

种子是植物进行有性繁殖最重要的组织器官。种子萌发是植物生长繁殖过程最关键的环节与阶段，种子的萌发直接影响后期幼苗的成活、幼苗个体对环境的适应性、植物的生活史以及成苗后整个植物群落的组成和格局。

野生状态下的黑果枸杞成熟采果期为 7 — 9 月，果实变为深紫色，颗粒饱满即可采摘。如不及时采摘，果实不会自行脱落，则会在枝头风干。浆果采摘后要及时晾干，存放于凉爽的地方。采集时可选生长旺盛、植株较高、结果量大的母株采集。取种时将浆果放入清水中，浸泡后用打浆机打破浆果或温烫浸种人工搓洗，清洗粘连在种子上的果肉，除去杂质滤出种子，晾干选优后放在适宜温度为 1~5℃，透气的纺织袋中贮藏。据试验，当年的种子发芽率在 80%~95%，放置一年的种子较当年的新种子发芽率降低 5%~10%。春秋两季将种子净化处理，去除发霉的种子，由于黑果枸杞糖分含量较大，因此要用大量清水冲洗，直至清水，再用 0.3%~0.5% 的高锰酸钾浸泡种子 2~4h 进行消毒，捞出后用清水洗净，按种沙比 1 : 3 的比例混拌，将混拌均匀的种沙均匀撒播于合适的苗床上，稍覆细沙后浅浇水，每一两天在沙面喷洒清水，保持土壤湿润，温度在 17~21℃，5~7 天出苗。另外也可采用条播、穴播（每穴 2~3 粒）的形式，也可用容器在温室育苗，等苗高 20cm 左右再移出温室，大田种植。

牛建强（2017）在《黑果枸杞大棚育苗技术》一文中对尉犁县黑果枸杞育苗采用种子繁育技术。种子繁育需要及时地收集和处理种子。黑果枸杞种子一般在每年 9 月中下旬相继成熟后，进行人工采种，在每年 9 月中下旬选植株健壮、果实颗粒较大的母株进行采集。采集完毕后在晴朗的天气情况下人工将果实压碎，并不断地揉搓，然后将经过漂洗和过滤之后得到的黑果枸杞种子晾晒到通风处，晾干之后贮藏待用。种子进行播种前，应该对种子进行消毒处理。可以用浓度为 0.5% 的高锰酸钾溶液浸泡黑果枸杞种子 4h，然后用清水漂洗 2 遍之后，按照沙子和种子 3:1 的比例混合拌种，在室温下进行催芽处理。1 天之后，筛选出催好芽的种子等待播种。

白春亮在《黑枸杞栽培管理技术》一文中对额济纳地区黑枸杞育苗也采用种子繁育技术。成熟采果期为 8—9 月，当果实变为深紫色，颗粒饱满后即可采摘。如不及时采摘，果实也不自行脱落，会自然风干在枝头。果实采摘后要及时晾干，并存放在阴凉的地方。秋后由于生长期不够，果实不饱满的不宜作为种子。采集的种子最好当年就播种，一般当年种子的发芽率高达 80%~95%，如果存放 2 年以上，同城发芽率为 50%~60%，明显降低。提取种子的方式为：首先是把选好的留种干果倒入盛满清水的水缸中，浸泡 24h；其次通过打浆机进行打浆，对果浆进行清洗除杂，并过滤出种子。再次用 0.3%~0.5% 高锰酸钾对种子进行浸泡，一般需要 2~4h，捞出时再用清水清洗 1 次。最后按种沙 1:3 的比例混拌，并将其堆放在温室内，还要把麻袋或草帘蘸湿水，盖到种子上，维持温室的温度在 20℃，湿度在 80% 左右，每天翻种子 4~5 次同时对覆盖物上进行洒水。

关于黑果枸杞破除硬实种子的处理方法有很多种，常见的有 H_2SO_4、NaOH、赤霉素（GA_3）、萘乙酸（NAA）、热水、浸种时间和刀切处理，研究以上影响黑果枸杞种子萌发的因素，结果表明：GA_3 的效果较好，尤其是在种子在浸泡 24h 之后，平均发芽率效果最佳，其次为 98%H_2SO_4 处理后的种子，最差的为温水处理后的种子。通过用不同温度的蒸馏水、IBA、0.5% NaCl 及不同时间的浓硫酸等，来刺激种子发芽，结果显示用浓硫酸浸泡 3nim 的发芽效果最佳。利用不同浓度生长调节剂 IBA、吲哚乙酸（IAA）、NAA 和 GA_3 对黑果枸杞种子进行处理，对比种子的出苗率，植株高度，地径和主根长度后，得出 GA_3 和 IAA 对黑果枸杞种子萌发和幼苗的生长都有积极的促进作用。

目前，关于黑果枸杞种子萌发的处理方法主要有物理处理法和化学处理法两种。其中，物理处理法研究过程中 Donohue 发现，种子萌发阶段是黑果枸杞整个生活史中最重要的阶段，而打破种子的休眠则是重中之重，采用 −5℃ 和 4℃ 的低温再配合层积处理是打破黑果枸杞种子的休眠有效方法，且播种后种子萌发率可从处理前的 36% 提高到处理后的 82%；此外，冬季将黑果枸杞种子表面进行薄土及枯落物覆盖，也能提高次年种子的萌发率，并且种子发芽整齐，速度较快。其主要原因是由于在冬季的潮湿、低温的环境条件下，不但可以保持黑果枸杞种子的活性而且也有利于种子打破休眠；相反，干燥、寒冷的环境条件下，黑果枸杞部分种子活力会降低其至失去活力，种子萌发率仅为 5.3%，对其种群的建植与种苗自然更新产生巨大影响。以上研究表明，经过低温处理可以增加黑果枸杞种子萌发率的特点反映了种子萌发对湿冷环境的需求，这种需求也提现了寒温带植物在其种族繁衍过程中的自然保护机制，这种机制保证了幼苗存活与生长的最优条件。此外，采用化学方法处理提高黑果种子萌发率的方法也被学者们广泛采用，刘荣丽（2011）研究表明，分别采用 150mg/L 的 GA_3 和 500mg/L 的 IAA 处理，均可打破黑果枸杞种子的休眠，并能显著提高种子的萌发与幼苗的快速生长，两种方法中，采用 150mg/L 的 GA_3 的处理效果较好；另有研究表明，采用 GA_3 浸泡黑果枸杞种子 24h 后，种子萌发率可由处理之前（对照）的 56% 提高到处理后的 94.2%，但是，这种方法成本较高，不利于大范围进行推广。

2. 育苗时间

大田露地育苗时间与当地春播时间基本相同，在春季平均气温稳定在 10℃ 以上时即可进行，一般在 4 月上中旬进行。大棚育苗在 3 月下旬至 4 月上旬进行。温室育苗一年四季均可育苗，在植株长到 20cm 高时移出温室，在大田或拱棚里继续培育。

3. 育　苗

种子育苗可分为普通苗床育苗和容器育苗两种。

（1）普通苗床育苗

1）选　地

苗圃地应选在地势平坦、排灌方便、土壤疏松、地下水位低、杂草少、病虫害少、交通便利的地方。

2）整地深耕

苗圃地选好后，首先要进行平整和深翻，清除杂草、杂物。于 10 月下旬结合施肥深耕 1 次，深度为 25cm。左右，以利于口后苗木根系生长发育。临冬灌足冬水，翌年春季育苗前浅耕 1 次，深度 5cm 左右，并糖平整。

3）施基肥

施肥要以农家肥为主，化肥为辅，以施足基肥、适当追肥为原则。基施腐熟的农家肥（如鸡粪、人粪尿、厩肥）37 500～52 500kg/hm²，最好在灌冬水前结合深耕施入。基施氮磷钾复合肥 375～450kg/hm²，一般在育苗前结合浅耕土壤时施入。

4）土壤处理

对苗圃地土壤施药，以杀灭金龟子、地老虎等地下害虫。这些害虫对枸杞根系为害较大，结合秋施农家肥时施入或结合育苗前浅耕土壤时施入，主要药剂有辛硫磷、乐果粉等。

5）做　床

苗床可做成低床，苗床宽 1.2m、高 5~8cm。两苗床之间留出 40cm 宽的工作道，以方便操作管理。

6）种子处理

播种前 1 天用高锰酸钾溶液对种子消毒，然后用 40℃ 的温水浸种 24h 以提高发芽率，种子处理后的发芽率在 92% 左右。

7）播　种

播种期在 2 月下旬至 5 月中旬。播种前苗床灌透水，灌水后 2~3 天可播种。提前将黑色塑料地膜按 10~15cm 的株行距打成直径约 2cm 的孔备用。选择无风天气覆膜。覆膜时，用铁锹开小沟，沟深 5cm 左右，先将膜的一端放在开好的小沟里压土踩实，之后将膜平铺于苗床上，两侧也压土踩实，覆膜时要做到"严、紧、平、实"。膜覆好后，采用穴播方式将种子均匀地撒在每个孔里，每穴 10~15 粒种子，膜上用 1.0~1.5cm 的细沙覆盖。播种后观察，发现苗床干时，可适当灌 1 次透水。

8）田间管理

①中耕除草

种子出苗后要及时松土除草。除草是主要任务，要掌握"除早、除小、除了"的原则，做到苗床内无杂草。松土除草时，防比带掉幼苗或伤及苗木根系。1 年内结合灌水松土除草 4~6 次。

②灌　水

出苗之后进入快速生长阶段，根据土壤湿度及气候情况适时灌水，灌水后若遇降雨，要注意排涝。一般 1 年内灌水 3~5 次。

③间苗、定苗

6 月，当苗高 3~5cm 时，应及时间苗，间去弱小和过密的苗木，株距 5cm 左右。间苗时要用土将所留苗木周围压实，防止苗木倾斜。当苗高达 10~12cm 时定苗，株距 10cm 左右，定苗时要做到去弱留强。

④追　肥

为了促进苗木生长，于 7 月上旬结合灌水分别追施尿素、磷酸二铵 150~225kg/hm²，8 月上旬再追施尿素 225~300kg/hm² 等速效氮肥 1 次。追肥时也可根据基肥和苗木长势确定追肥数量。

9）病虫害防治

①病害主要有白粉病、根腐病等。白粉病于发病前，最迟于见病后，喷施45%石灰硫黄合剂结晶（或膏剂）300倍液，或70%代森锰锌600倍液2~3次，隔10天左右喷1次，交替施用。根腐病发病初期可用50%的多菌灵1 000~1 500倍液灌根防治，发病后用乙蒜素+多菌灵800~1 000倍液均匀喷雾，防治效果达80%以上。

②虫害主要有蚜虫、枸杞负泥虫、土虱等。蚜虫可用50%抗蚜威可湿性粉剂2 000倍液或与40%乐果乳油1 000倍液混合喷洒，也可用35%卵虫净乳油（或10%吡虫啉可湿性粉剂1 500倍液，或35%硫丹乳油1 000倍液）防治，防效较高。枸杞蚜虫易产生抗药性，要注意交替和轮换用药。枸杞负泥虫在幼虫和成虫为害盛期用90%敌百虫晶体1 000倍液，或20%速灭杀丁3 000倍液，或20%杀灭菊酯3 000倍液等喷雾防治，视虫情共喷3~5次，间隔10d左右。土虱可用50%辛硫磷乳油、25%扑虱灵乳油1 000~1 500倍液，或1% 7051杀虫素乳油、2.5%功夫乳油2 000~3 000倍液，或15%蚜虱绝乳油、2.5%天王星乳油3 000~4 000倍液喷雾防治。

（2）容器育苗

1）容器选择

可选用育苗钵、育苗袋等容器。通常选择保水性好的蜂窝状无底软塑料袋作为容器，其直径5cm、高12cm，每板可育苗336株。

2）营养土选择

可自制营养土，也可购买成品基质。

自制营养土：用当地沙土10%~20%、农业区沙壤土60%~80%、腐熟羊粪10%~20%混合配制。配制时所有成分粉碎后过筛，加10kg/m³药土（2%~3%的硫酸亚铁粉药土），充分混合均匀，堆放3~4天。

3）装袋播种

育苗床一般为低床，床深12cm，四壁垂直，使容器排列在床内与地面同高。装袋前，床底整平拍实并喷水。将营养土装入袋内，使土离袋口1~1.5cm。装好的袋在苗床内整齐排列成行，相互靠紧，既保湿又能提高苗床利用率。每袋播种量3~4粒。覆沙厚度1.0~1.5cm，磨平容器袋面，等待出苗。

4）播后管理

播种后应随时观察床面的墒情及发芽情况，保持湿润。温度在17~21℃

时，5~7 天即可出苗。出苗后，经常检查土壤湿度，及时喷水，一般在上午或傍晚喷水。喷水可装喷灌设施。

在幼苗生长期间，灌水以不影响其正常生长为准，应尽量少灌，灌水深度以不没过幼苗顶尖为宜。幼苗高 10cm 以下时适当给水，10cm 以上时正常灌水，根据需水要求，每 20~25 天灌水 1 次，但切忌长时间积水。一般根据墒情适时灌水 4~5 次，同时进行中耕除草。结合灌水在 5 — 7 月追肥 3 次，追肥以氮、磷肥为主，施肥总量以苗木长势而定。苗高 3~5cm 时，及时间苗，去弱留强、留优去劣。苗高 6~9cm 时定苗，留苗株距 10~15cm，留苗密度 1.0 万~1.2 万株/亩。

为保证苗木生长，应及时去除幼株离地 40cm 部位生长的侧芽，苗高 60cm 时应进行摘心，以加速主干和上部侧枝生长。容器育苗每个容器最后只留 1 株壮苗，其余的幼苗分 1~2 次间去，对死亡或生长不良或未出苗的要进行补苗。

出苗后 4 周左右，为增强抗逆性，应适当揭棚通风、降温，幼苗适应后至定植前逐渐揭去全部棚膜。

5）苗 龄

育苗时间依据当地移栽大田时间和育苗设施而定。一般一年生黑果枸杞苗标准为苗高达到 25~30cm、地径 0.3~0.4cm，二年生黑果枸杞苗标准为苗高达到 35~45cm、地径 0.5~0.7cm。

（3）种子穴盘育苗技术

穴盘播种相对于扦插育苗成活率及成苗率大大提高，品相稳定一致，并且穴盘播种相对于其传统苗床撒播，具有用工少、幼苗定植不缓苗、植株开花结实提前、生长期缩短、生长整齐，单位面积效益高、提高种子利用率、节省种植空间、操作简单易行等优点。

1）采 种

应选择品种优良，生长健壮，无病虫害，果大品相好的成年母株采集果实，一般于 8—9 月果实由绿变紫黑色时选择粒大、饱满、成熟度好的果实及时采摘。采好的果实装入网袋捣碎，放在水中搓洗，用筛子过滤后，捞出种子。在阴凉处晾干后进行精选，剔除混杂物，使纯度达到 95% 以上。种子装袋后放于通风干燥处贮藏。

2）种子质量的测定

种子最好选择当年种子，二年以上的种子发芽率显著降低。育苗前要进行发芽试验，采用试验室样品发芽法测定种子发芽率和发芽势。

3）穴盘播种及其管理

一是穴盘选择，黑果枸杞穴盘选择塑料穴盘，孔穴数为64孔或35孔。二是穴盘准备，育苗前将穴盘洗净晾干。三是基质准备，黑果枸杞种子易出苗，可选用成品基质，为降低成本也可自己配制基质，一般用腐熟农家肥30%、硅石粉20%、农田土50%的比例配制，保证基质疏松即可，配制好的基质加水至最大持水量，拌均匀后用塑料棚膜覆盖闷湿。

4）播　种

①种子处理。播前把贮备的种子装入网袋，先放入80℃左右的水中瞬时温汤浸种，杀灭种子表面的病菌，然后将种子放入20~25℃水中浸种12h后沥干水分。播前按10kg种子、0.5~1g咯菌睛的比例拌种，减少苗期及田间发病率。

②基质预湿与装盘。将基质加水调节湿度至最大持水量的60%~70%，使水分分布均匀，保持松散状态，不产生结块，把预湿好的基质装入育苗穴盘中，稍压实。

③播种。播前穴盘浇透水，将种子放入穴盘，每穴孔播一两粒种子。黑果枸杞种子小，可用过筛的干净细沙土拌种后播种，播后再盖上一层基质，与盘面相平，然后将穴盘移到苗床摆放整齐，上面覆盖一层地膜，高温季节可不盖地膜，盖上废旧报纸，同时插上标签，注明播种时间，一般5~7天出苗。

5）出　苗

出苗前保证设施温度在20~30℃，并保证较高的土壤和空气湿度，促进种子尽快萌发，注意观察苗床情况，70%的种子顶出后，揭去表面覆盖物，使子叶见光，同时适当通风，降低温度，防止徒长。每天按时喷水，防止基质缺水，影响出苗。

6）苗期管理

①出苗后温湿度管理。幼苗出土后即进入营养生长阶段，注意保温防寒，要求气温保持在18~24℃。出苗后适当降低床棚内空气温度和土壤湿度，增强幼苗抗逆性，减轻苗期病害，培育无病壮苗。

②水肥管理。水分管理出苗后即可浇水，以保持基质湿润为宜，原则上高温天气多浇水，阴雨天气减少浇水次数和浇水量。肥料育苗期间可根据苗木生长情况，随水喷施水溶性生物菌肥土根本或碳肥，增强苗木抗逆性，培育健康苗木。

7）成苗与运输

①壮苗特征。壮苗表现为生长整齐，大小一致，根系密集，根色白，根系裹满育苗基质，形成结实根坨，无病虫害，无徒长。

②苗木出圃与运输。苗木出圃前进行炼苗，控制水分，以幼苗短时萎蔫为度，同时加强设施通风透光，降低设施温度，使苗木生长粗壮，增加抗逆性，增强苗木对外界环境的适应性。出圃前要提前浇透水，有利于苗木定植时从穴盘中拔出而不散坨，同时避免运输时缺水，为节省空间，可把幼苗起出后逐层装入专用纸箱内外运。黑果枸杞种子工厂化育苗虽具有出圃快，苗木整齐等优点，但用种子繁育的苗木约30%会出现性状分离，出现白果、红果等现象，因此最佳种苗繁育方法应筛选优良母株，采用组织培养繁育种苗。

（二）扦插育苗

扦插繁殖（Cuttage propagation），简称扦插，是植物繁殖的一种重要方法，是切取植物的枝条、叶片或根的一部分，扦插在排水良好的壤土、沙土或基质中，使其生根萌芽抽枝，从而长成完整、独立的新植株的繁殖方法。扦插繁殖主要有枝插和根插两类。枝插又根据插枝的性质不同，分为硬枝扦插（休眠期扦插）和嫩枝扦插（软枝扦插、生长期扦插）。扦插育苗的优点是变异性较小，能保持母株的优良性状和特性；幼苗期短，结果早，投产快；繁殖方法简单，成苗迅速。缺点是多代扦插会导致品种退化。

1. 扦插生根的原理

植物的细胞具有全能性，每个细胞都具有相同的遗传物质。在适宜的环境条件下，具有潜在的形成相同植株的能力。同时，植物体具有再生机能，即当植物体的某一部分受伤或被切除而使植物整体受到破坏时，能表现出弥补损伤和恢复协调的功能。在插枝扦插后的生根过程中，枝插与根插的生根原理是不同的。其中枝插生根是在枝条内的形成层和维管束鞘组织，形成根原始体，从而发育生长出不定根，并形成根系；而根插是在根的皮层薄壁细胞组织中生长不定芽，而后发育成茎叶。插枝扦插后，通常是在插枝的叶痕以下剪口断面处，先产生愈合组织，而后形成生长点。在适宜的温度和湿度条件下，插枝基部发生大量不定根，地上部萌芽生长，长成新的植株。按插枝生根的部位来分，有3种生根类型：一是愈合组织生根类型，包括大部分树种；二是皮部生根类型；三是两者兼有类型。

（1）扦插成活的条件

扦插后插枝能否生根成活，决定于插枝本身的内在条件和外界环境条件。

1）插枝的内在条件

植物不同种或同一种植物的不同种，扦插成活率不同。扦插容易生根的有侧柏、杨、柳、等；扦插较易生根的有山茶、桂花、丁香、槭及木兰等；扦插难生根的有松、榆树、山毛榉、桃、栎类、香樟、海棠及大部分单子叶植物花卉。

植物的不同生育特性，对扦插成活的难易有影响。如灌木比乔木容易生根，匍匐类型比直立类型容易生根；地理分布在高温、多湿地区的树种比低温、干旱地区的树种容易生根；幼龄树上的插枝比老龄树上的扦枝容易生根；根茎上的萌蘖枝比树冠上部的一年生枝容易生根；枝条生长健壮、组织充实、叶芽饱满比营养物质不足的细小枝容易生根等。此外，扦插用插枝的粗度、长度、生长期、扦插时的留叶量、插枝内部的抑制物质等，对生根与成活率都有一定的影响。

2）外界环境条件

扦插生根的外界环境条件主要有温度、湿度、空气和光照。

①温度。温度对插枝生根的快慢起重要的作用，如春季硬枝扦插，一般树种以 15~20℃ 为适宜，也有需要温度高于 20℃，如木槿、石榴等；而夏季软枝扦插，温度通常以 25℃ 左右为宜。

②湿度。除保持土壤或基质适宜水分有利生根外，还要控制空气中的相对湿度，特别是软枝扦插，要求空气湿度大，空气相对湿度最好在 90% 以上，以保持插枝不枯萎。因此，扦插苗床需要遮阴或密闭（梅雨季节扦插可不密闭）。随着插枝不断生根，逐渐降低空气湿度和基质湿度，有利促进根系生长和培育壮苗。

③氧气。插枝生根过程中要不断进行呼吸作用，需要氧气的供应。因此，宜选择疏松的砂性土、草炭土、蛭石、珍珠岩等苗床基质，其通透性好，有利生根。同时，苗木不能积水，以免供氧不足，影响不定根的生长。

④光照。扦枝生根，要有一定的光照条件，特别是软枝扦插。充足的光照可促进叶片制造光合产物，促进生根；尤其是在扦插后期，插枝生根后，更需要有光照条件。但在扦插前期，要注意避免直射强光照，防止插枝水分过度蒸发，造成叶片萎蔫或灼伤，影响发根和根的生长，因此在扦插后要适当遮阴，提高空气湿度，有利插枝生长。

（2）扦插的适宜时期

植物种类、性状、扦插方法及气候条件不同，扦插的时期亦不相同。一般可分为落叶树扦插和常绿树扦插两种类型。

1）落叶树扦插

落叶树以休眠期扦插为主，春、秋两季均可进行，但以春插为多，并在萌芽前及早进行，而秋插宜在土壤冰冻前进行，随采插条随扦插；落叶树在生长期扦插，多在夏季枝条生长充实后进行。但有些树种如蔷薇、石榴等，一年四季均能扦插。

2）常绿树种

常绿树种多在梅雨季节扦插，插枝生根需要较高的温度和湿度，扦插后要注意遮阴和保湿。

（3）促进插枝生根的化学调控技术

对扦插繁殖进行化学调控，是应用植物生长激素活化插枝组织内的形成层细胞，刺激、愈伤组织的形成与根的发生，增加根数，有利于插枝养分和水分的吸收，促进扦插苗的生长，提高成活率达95%以上。特别是对生根能力较弱和扦插难成活的种类，或者生活力衰弱的高龄亲本进行扦插时，除采用生根机能旺盛的幼嫩枝条外，更需补充生根所需的生长调节物质，并排除生根阻碍物质的影响，从而明显提高插枝的生根能力。

1）植物生长激素的种类与处理方法

在利用植物插枝本身的分生机能和再生能力的基础上，应用化学合成的植物生长激素促进插枝生长与成活。植物生长激素的种类有3类。

①吲哚类化合物。有吲哚丁酸（IBA）、吲哚乙酸（IAA）及吲哚丙酸（IPA）等，促进细胞分裂和插枝生根。

②萘类化合物。有萘乙酸（NAA）、萘氧乙酸（NOA）、萘乙酸甲酯（MENA）、萘丙酸和萘丁酸等，能促进插枝生根。

③苯酚类化合物。有2,4-D（2,4-二氯苯氧乙酸）、2,4,5-T（2,4,5-三氯苯氧乙酸）和防落素（PCPA、对氯苯氧乙酸）等，苯酚类化合物的活性强，在低浓度时即能促进插枝生根。

2）植物扦插繁殖的化学调控技术

①快蘸法。采用高浓度、短时间浸蘸插枝基部，即植物生长激素浓度在200~10 000mg/L，浸蘸时间短，通常采用随蘸随插。插枝浸蘸后，使植物生长激素通过插枝基部切口、伤口、叶痕等进入插枝组织内起作用，促进愈伤组织形成和生根。采用快蘸法具有操作简便、设备少，同时不易受环境条件的影响，处理效果显著等优点。

②慢浸法。采用低浓度、较长时间浸泡，将植物生长激素稀释成10（易

生根的种类）～200mg/L（不易生根的种类），浸插枝基部的时间长达 8～24h。插枝对植物生长激素溶液的吸收量，决定于处理时的环境条件，如温暖、干燥的环境比寒冷、湿润时吸收多；此外，还与植物种类、扦插季节及植物生长激素的种类有关。慢浸法处理时，还需准备浸插枝的容器。

③涂抹法。将植物生长激素与滑石粉或黏土粉混合，即先将一定量的植物生长激素溶解后，按比例拌入滑石粉、然后晾干呈粉末状。应用时将插枝基部用水浸湿，再蘸一下拌有植物生长激素的滑石粉，并抖掉过多的粉末，即可扦插；另外，也可将植物生长激素拌入羊毛脂中，涂于插枝基部后扦插。

④喷洒法。在剪下插枝前或剪下插枝后喷洒植物生长激素。

⑤注射法。将植物生长激素直接注射到插枝里。

⑥浇施法。将植物生长激素浇在土壤中让插枝吸收。

⑦木签法。将浸过生长激素的木签插入插枝中。

以上几种方法，均有促进插枝生根的效果。不同植物可以用不同植物生长激素与浓度进行处理，达到促进插枝生根、提高成活率、加快苗期生长的效果。

3）植物生长激素处理的效果

植物生长激素的种类很多，在植物扦插上常用的有吲哚丁酸、萘乙酸、吲哚乙酸及苯酚类化合物等。不同植物种类对植物生长激素的反应不同。如蔷薇用 IAA 处理有促进生根的效果，而用 NAA 处理就没有明显的效果；相反，水蜡树用 NAA 处理有效果，用 IBA 处理却没有效果。研究表明，应用萘乙酸和吲哚丁酸处理水杉等插枝，对促进插枝生根的效果不同。在使用植物生长激素时，IAA 容易被吲哚乙酸氧化酶所分解，而 NAA 的刺激作用过强，使用不当容易产生药害；IBA 对柳杉、松类及其他许多木本或草本植物，具有良好的生根效果，药害少，药效稳定。

4）其他化学物质对插枝生根的影响

其他化学物质如糖、维生素、含氮化合物及高锰酸钾等，正确处理植物插枝，能促进插枝的生根和提高成苗率。扦插时应用糖分处理时，促进插枝生根效果较好，一般用 2%～5% 蔗糖溶液浸泡插枝基部 10～24h；如用 2% 蔗糖液对柳杉、扁柏、云杉、紫杉、水蜡树、黄杨等处理后，有较好的促进生根效果，特别是柳杉和扁柏等效果更显著。维生素处理对插枝生根也有一定效果，但维生素的适用范围很有限，一般不单独使用，而与生长激素并用。如 1～2mg/L 维生素 B_1 与 20～200mg/L 维生素 IBA 对山茶等浸泡20h，促进生根的效果显著。含氮化合物处理，一般效果不显著，但对高龄亲本或养分不足的插枝，如柳杉高龄树和生根不良品系，处理后有促进插枝生根的作用。同时，还可补充磷、钾等营养成分。此外，应用高锰酸钾、二氧化锰、硫酸锰、氯化铝、二氧化铁、硫酸亚铁、硼酸等化学物质适宜的浓度和处理时间，促进插枝生根有良好的效果。实际应用时，2~3种植物生长激素与化学药剂混合使用，则效果更好。

5）清除生根阻碍物质

生根阻碍物质主要有单宁、氧化酶及其他特殊成分。采用的方法可采用清水、温水、酒精、乙醚酒精混合液、高锰酸钾、硝酸银、石灰等。在处理时，一般是将插枝基部进行浸泡。如樟树、冬青、大戟的插枝，即使只用清水浸泡，也能取得良好效果；而杨、柳、刺槐、杜鹃、蔷薇及草本类的倒挂金钟等，用温水（30~50℃）浸泡4~12h就能取得显著的效果；用适宜浓度的酒精液处理杜鹃，乙醚酒精混合液处理杜鹃或蔷薇等，用硝酸银处理杨梅、栗等都可取得良好效果，还有高锰酸钾对水蜡树等许多树种处理亦有效果，即使用于柳杉也有一定程度的效果。

2. 黑果枸杞扦插育苗

枝插：园林树木繁殖中使用最广泛的扦插方法。按枝条成熟度和扦插季节可分为休眠枝插（硬枝扦插）与生长枝插（嫩枝扦插）。黑果枸杞扦插苗能保持母本的优良性状，且结果早，扦插方法可采用硬枝扦插或嫩枝扦插两种。可在大棚或温室内进行扦插育苗，配自动雾化微喷装置和遮光率为70%的遮阳网。还可用电热温床催根，或者用容器扦插育苗，容器选择、基质选用等与容器种子育苗一致。

（1）硬枝扦插

硬枝扦插是利用已经休眠的枝条做插穗进行扦插，同时因枝条已经充分木质化，又称为休眠扦插。春、秋两季均可扦插，以春季扦插为主。春季扦插宜早，在萌芽前进行；秋季扦插在落叶后、土壤封冻前进行；冬季扦插需要在大棚或温室内进行。

1）扦插时间

一般于4月中下旬萌发前或秋季进行扦插。

2）插穗准备

选择健壮植株作母树，选用母树树冠中上部无破皮、无虫害、粗壮、芽饱满、粗度为0.4~0.8cm的一年生中间枝和徒长枝为插条，在冬剪时截成15~20cm长，每段插条要具有3~5个芽，上端切成平口，下端剪成马蹄形，并且距下端 5cm 内的枝杈要全部剪除，每 100 条为 1 捆。将整捆插条下端浸入水中 5cm，浸泡时间约 24h，至插条顶端髓心湿润为宜。或者扦插前先用 0.3%~0.5%高锰酸钾溶液对插条消毒，然后在 750mg/L 的 GGR7 号生根粉浸泡 24h，或在 300mg/L 萘乙酸液中浸泡 2~3 天。

3）苗床准备

基质和容器的选择及苗床的准备，同种子育苗。

4）扦插

用打孔器在备好的苗床上打孔，深度 10~20cm，行距 30~40cm，株距 6~10cm。将生根的插条轻轻插入孔中，填土踏实，插条上端露出地面留 1~2 个饱满芽。扦插后经常保持土壤湿润，成活率在 85%~90%。

春季扦插最好覆盖地膜保墒和提高地温，或用电热温床催根，加速发芽和生长。

5）插后管理

应适当揭棚通风、降温，幼苗适应后至定植前逐渐揭去全部棚膜。扦插后新梢长到 20cm 时，选健壮直立的枝条留作主干，其余全部剪去。结合除草灌水，追施磷酸二铵 300kg/hm^2 和尿素 225kg/hm^2。当苗高长到 60cm 以上时，要及时摘心。

①破膜。破膜是硬枝扦插育苗很重要的环节，插穗发芽后要及时破膜，以免烧苗。破膜工作有整行破膜和以苗破膜两种，无论哪种破膜，破膜后要及时用土将地膜压好，使覆盖工作继续起到增加地温和除草的目的，保证枸杞多生根，快生长。

②水肥、除草和病虫害防治。硬枝扦插的插穗是先发芽后生根，幼苗生长高度在 15cm 以下是忌灌水，因为在土中的枸杞插穗属于皮下生根型，0~20cm 土层含水量超过 16%以上，容易发生烂皮现象，形不成发根原始体，尽管新芽萌发，新枝形成，不久株苗即死亡。此期，应加强土壤管理，多中耕，深度 10cm 左右，防止土表板结，增强土壤通透性，促进新根萌生。待幼苗长至 15~20cm 时，可灌第 1 次水，灌水 40~50m^3/亩，地面不积水不漏灌。约 20d 后结合追肥灌第 2 次水，每亩施入纯氮 3kg，纯磷 3kg，纯钾 3kg，行间开沟施入，拌土封沟。枸杞苗期易发生蚜虫和负泥虫，使用 1.5% 苦参素 1 200 倍液或 1.5%扑虱蚜 2 000 倍液喷雾防治。

③除草。在管理过程中前期重点除草，应掌握除早除小，切不可造成草荒否则发芽再好，也会因为草荒而得不到苗木。

④病虫害防治。当发现有地下害虫时结合淌水前用辛硫磷、毒死蜱配

200~300 倍液用喷雾器去掉喷头，用杆孔流入苗体下部土壤后灌水，量100~125kg/亩药液，然后灌水，也可用懒散的办法，结合淌水在水口上不停倒入原药，缺点是用药量大，但省力。

⑤修剪。硬枝扦插育苗，当苗高生长到 20cm 以上时，选健壮直立徒长枝做主干，将其余萌生的枝条剪除。苗高生长 50cm 以上时剪顶，促进苗木主干增粗生长和分生侧枝生长，提高苗木木质化质量。

⑥增设扶干设备。枸杞苗木通过摘心、短截等措施，能及时促发出一次枝、二次枝。但由于这时苗木主干细，主干木质化程度低，支撑树冠能力很弱，留枝太多，苗木就要压倒在地面。要解决这个问题，在苗木封顶、摘心的同时，以株或以行增设扶干设备，增加主干的支撑能力，多留枝，多长叶，实现培养特级苗的目的。

（2）嫩枝扦插

嫩枝扦插：嫩枝扦插是应用在生长期中半木质化的插穗进行扦插育苗的方法。此法常应用于硬枝扦插不易成活的植物、常绿植物、草本植物等。一般在生长季节应用（夏季，最好是雨季），只要当年生新茎（或枝）长到一定程度即可。一般采用随采随剪随插的方法。对于黑果枸杞，嫩枝扦插育苗相较于播种育苗和硬枝扦插是比较经济有效的方法。

1）扦插时间

一般于 6 月中旬至 8 月中旬进行扦插，以 7 月中旬最佳。

2）插穗准备

选取株龄小于 5 年、无病虫害的健壮植株作为母株，在当年生长枝上，剪取粗度在 0.3cm 以上、长度在 20cm 以上、带有成熟叶片（母叶）和健壮叶芽的小段枝条作为插条。剪成 5~6cm 长，上端平剪，下端剪为马耳形，并剪除下端 2cm 处所有的叶片和荆刺，上端的叶片和荆刺全部保留。扦插前，用 200mg/kg 的吲哚丁酸溶液或 500mg/kg GGRa 速蘸插穗下端 1.0~1.5cm 处进行速蘸处理，时间 10~20s，蘸后立即扦插。随采条、随剪穗、随扦插。

3）苗床准备

同硬枝扦插。扦插基质为壤土、细沙、发酵后的羊粪和 BGA 土壤调理剂按 5：3：1：1 配制的营养土，装入口径 15cm 的营养钵，BGA 调节土壤pH 值为 7.0~7.5。扦插基质在扦插前用高锰酸钾 0.3% 溶液喷洒消毒 24h，扦插 1 天前把苗床用水浇透。

4）扦　插

遮阴扦插，扦插株行距为2.0cm×5.0cm，用打孔器打孔，孔深1~2cm，将浸蘸过生根剂的插穗插入孔内，填细沙按实，然后喷水。温室内保持自然光透光率75%左右，相对湿度85%以上，温度25~35℃。

5）插后管理

幼苗生长50天左右可去掉遮阳网，打开温室的下风口，使幼苗逐步适应外界环境，在自然条件下正常生长。幼苗期每15天灌水1次，每60天追肥1次，追肥主要以磷、钾肥为主，每次追肥10~15kg/亩，每30天除草1次。

（三）组培快繁育苗

植物离体繁殖（Propagation in vitro）又称植物快繁或微繁（Micropropagation）是指利用植物组织培养技术对外植体进行离体培养，使其在短期内获得遗传性一致的大量再生植株的方法。是工厂化育苗的技术基础。植物快繁与传统营养繁殖相比的优点：繁殖效率高；生长速度快；培养条件可控制性强；占用空间小；管理方便，利于自动化控制；便于种质交换和保存。黑果枸杞优质种苗市场需求量逐年增加，常规繁殖方法主要有种子繁殖、扦插和分株繁殖等，常规繁殖往往具有一定不足，如播种繁殖后代群体会出现遗传分化，种苗间整齐度不够；扦插和分株繁殖的繁殖系数低，不利于快速扩大种苗群体。而利用植物组织培养技术，将筛选到的黑果枸杞优良单株快速繁殖成无性系，不仅能保留株系原有的优良性状，还可以快速生产大量优质组培种苗，能极大地促进优良黑果枸杞株系在生产中大量推广，提高产量，增加种植户的经济收入。黑果枸杞利用组织培养方法育苗，具有用材少、繁殖系数高、速度快等特点，且可扩大变异范围，获得有益的突变体，从中培育出新品种。并可为枸杞工厂化育苗、规模化种植开辟新途径；通过组织培养可以繁育脱毒苗，有利于无公害栽培。

1. 植物快繁的器官形成方式

植物快繁的器官再生主要分为5种类型：短枝发生型、丛生芽发生型、不定芽发生型、胚状体发生型、原球茎发生型。

（1）短枝发生型

类似于微型扦插，指外植体携带的带叶茎段，在适宜的培养环境中萌发，形成完整植株，再将其剪成带叶茎段，继代再成苗的繁殖方法。能一次成苗，遗传稳定，成活率高，但繁殖系数低。

（2）丛生芽发生型

丛生芽发生型是大多数植物快繁的主要方式。指外植体携带的顶芽或腋芽在适宜培养环境（含有外源细胞分裂素）中不断发生腋芽而呈丛生状芽，将单个芽转入生根培养基中，诱导生根成苗的繁殖方法。不经过愈伤阶段，后代变异小，应用普遍，也可用于无病毒苗的生产。

（3）不定芽发生型

指外植体在适宜培养基和培养条件下，形成不定芽，后经生根培养，获得完整植株的繁殖方法。分为通过愈伤组织产生不定芽，和直接产生不定芽两种方式。外植体涉及多种器官，如茎段、叶、根、花器官等。是植物快繁的另一种主要方式，繁殖系数高。但变异率较高，尤其是通过愈伤途径产生的植株。

（4）胚状体发生型

指外植体在适宜培养环境中，经诱导产生体细胞产生体细胞胚，从而形成小植株的繁殖方法。分为间接途径（经愈伤途径）和直接途径两种。成苗数量大、速度快、结构完整。但由于对其发生及发育过程了解不够，应用上还没有前两种广泛。

（5）原球茎发生型

原球茎发生型是兰科植物特有的一种快繁方式。指茎尖或腋芽外植体经培养产生原球茎的繁殖类型。原球茎可以增殖形成原球茎丛。

2. 植物快繁的程序

植物快繁的程序包括4个阶段：无菌（或初代）培养的建立、繁殖体增殖、芽苗生根和小植株的移栽驯化。

（1）无菌（或初代）培养的建立

母株和外植体的选取：母株性状稳定、健壮、无病虫害污染。

（2）繁殖体增殖

①培养材料的增殖。主要增殖方式为诱导丛生芽或不定芽产生，再以芽繁殖芽的方式增殖，兰科植物为原球茎增殖途径。4~8周继代一次。一个芽苗增殖数量一般为5~25个或更多，多次继代可大量繁殖。

②增殖培养基。适当提高细胞分裂素和矿质浓度。

③增殖体的大小和切割方法。

（3）芽苗生根

1）离体生根

也称试管内生根。降低无机盐浓度，减少或去除细胞分裂素，增加生长素浓度。

2）活体生根

也称试管外生根。通常芽苗可先在生长素中快速浸蘸或在含有相对高浓度生长素的培养基中培养 5~10 天，然后移到基质中生根。

3）生根培养时间。

一般为 2~4 周。

（4）小植株的移栽驯化

1）移　栽

洗去根部的培养基，将小植株移栽入培养基质中。

2）驯化管理

移栽初期要保证空气湿度，减少叶面蒸腾，弱光照。同时，逐渐降低空气湿度，使其适应自然环境条件，增加光照强度。此外注意防止病害的发生。

（四）其他育苗方法

（1）埋根育苗

露天埋根在兴安盟地区于 4 月中下旬进行，多数是在苗圃起苗时，将挖起粗度在 0.3~0.6cm 的侧根收集起来，剪成 8~10cm 长根段，用 15% 的萘乙酸对根段下部 3cm 浸泡 1 天。埋根前先开育苗沟，规格为行距 40cm，沟深 8~10cm，把浸药后的根段按 10cm 株距斜放在一边沟壁上，然后填土踏实，根上端露出地面约 0.5cm，按硬枝扦插育苗管理。

（2）根蘖育苗

黑果枸杞根系发达，生根能力强，通过截断主根可在主根周边由不定芽萌发长成新植株，在春季即可挖取母株周围的根蘖苗，归圃培育。由于根蘖苗是母树的营养体形成的，所以它也能保持母树的优良性状。这种苗不需另设苗圃专门培育，直接在生产园里进行，从母树根上挖取后就可栽植，成活率高。为了保证苗木的品质，应注意以下几点。

一是根蘖育苗应在品种优良的枸杞园内进行，以避免混入劣质种苗。

二是严防实生苗混入，因枸杞果实成熟后自然落地，如果土壤墒情好，它的种子会萌发长成苗木。这种实生苗变异很大，不能保持母树的优良性状，结果迟，产量低，一般不宜采用。

三是挖蘖根苗时，应保留较大的根系，把一段母根也挖取，一般长约 10cm，因侧根多，栽后易活。

（3）压条繁殖

枸杞是较容易生根的树种，采用压条的方法也可繁殖。在春、夏季选树冠下部匍匐地面枝，刻伤后埋在树冠下约 10cm 深的压条沟里，填湿润土壤，踏实，并保持埋条部位土壤湿润，约经 1 个月即可生根。

埋根育苗、根蘖育苗、压条繁殖均简单易活。不过因根条来源少，挖根比剪枝难，不适应生产上大量用苗的需要。

（4）覆膜栽培技术

1）铺　膜

种植前采用机械铺膜，铺设 0.1mm 白色地膜，以提高地温、减少浇水后的水分蒸发量，提高黑果枸杞成活率。

2）定　植

通过考察调研，结合苗木生长发育特点，并考虑到方便机械操作、简化栽培，确定行株距配置为（3.0+2.0）m×0.8m 的定植模式，定植密度 333 株/亩。种植的第 1 和第 2 年可以适当增加定植密度，采用行株距为（3.0+1.5）m×0.8m 的模式定植，定植密度 476 株/亩。当土壤 5cm 深度平均地温 12℃以上，即 4 月上中旬开始定植。定植穴深 30cm，直径 30cm，表土、底土分别堆放，土壤回填时，表土填下面，底土填上面，具体视苗木大小开挖定植坑。

（5）覆膜滴灌栽培技术

1）移　栽

移栽时间南疆为 3 月中下旬，北疆在 4 月中下旬。株行距 1m×2m，亩栽 333 株；或株行距 0.7m×2.2m，亩栽 430 株。栽植时先铺滴灌带覆膜，再在膜上开洞栽植黑果枸杞苗。有机肥可在覆膜前按照株行距施入栽种区域或在耕层混施，每亩施用 1.0~2.0 t。栽植时要看苗挖坑，如幼苗大且根长超过 20cm，要挖直径 30cm、深 50cm 坑，然后填土 4~5cm，把树苗放入坑中扶正，填埋稍湿润细土，用脚踩实，埋树苗深度稍超过原土印。栽植要求苗木排列整齐、美观。栽植后立即浇足定根水。

2）灌　水

移栽后要保证浇好前 2 次水，黑果枸杞怕涝不怕旱，以后每次浇水不宜过多过大，浇水过多易造成根部通气不畅，影响黑果枸杞生长。当年整个生育期灌水 5~6 次。一般 4 月下旬第 1 次灌水，6—7 月第 2 次灌水，8—9 月第 3、第 4 次灌水（雨水多，则不灌），10 月控制灌水。11 月上半月冬施基肥后，灌好冬水。

3）施　肥

育苗期，整地所施厩肥足够幼苗生长所需，无须再施肥。苗木移栽后，幼龄树施肥用沟施法，在苗木的两行间，挖 1 条小沟施肥，成年树多在树冠外缘挖环状沟施肥。5 月上旬蕾期和长春梢时，追 1 次。滴灌条件下每水可带肥，第 1 年每亩带肥 30kg 左右，6 月中旬前以氮肥为主，7—8 月以磷钾肥为主，成年树可加倍。在花果期，要适当喷施叶面肥，可选择用 1% ~ 2% 氮磷钾水溶肥，或用 0.3% 磷酸二氢钾、黄腐酸等。入冬前施肥，以油渣、动物粪便及氮磷复合肥等为主，在冬灌前施入。

4）除　草

黑果枸杞移栽后，要中耕除草，避免杂草长势过旺，影响幼树生长，之后要适时除草，以保证树木健壮生长。有滴灌条件的种植户铺地膜及滴灌带，然后在地膜上打孔移栽，既保水、保肥，又防草。

5）栽　培

栽植标准以每亩培植密度 440~700 株为宜。可按行距 1.2~1.5m，株距 0.8~1m 合理培植。栽植第一二年可以在行间种植其他矮小作物，充分利用土地资源。在田间管理上，全年要结合锄草，及时松土，适度浇水。每年在 3 月施足基肥，6 月和 8 月进行科学追肥。黑果枸杞可以在第 2 年见果，第 3 年大量挂果，进入盛果期，其整形必须在定植的前 3 年完成。定植当年在高度 25~35cm 短截全部枝条，然后逐步将整个树形修剪成一个 3~4 的伞状形态，每层间距 35cm 左右，留 3~5 个主枝条。修剪时掌握三去三留的剪枝原则，使每棵黑枸杞树可有几十枝结果的骨干枝条，且在树冠内均匀分布。

①铺膜。种植前采用机械铺膜，铺设 0.1mm 白色地膜，以提高地温、减少浇水后的水分蒸发量，提高黑果枸杞成活率。

②起垄。黑果枸杞在辽西北地区如果是平地适合垄作法栽培。可使用人力或者打垄机进行起垄，垄台宽 80cm，垄高 20cm，垄沟宽 40cm，保证黑果枸杞栽植后有合理的行距。40cm 的垄沟可以提高土壤透气性，方便灌水、施肥，还可以为除草、修剪、采收等操作提供空间。

③栽植密度。依据黑果枸杞的树体生长习性和栽培管理的需求设置栽植密度，其中，人工散户种植的适宜栽植株行距为 0.8m×2.0m，机械化规模种植的适宜栽植株行距为 0.8m×2.5m。

④定植。通过考察调研，结合苗木生长发育特点，并考虑到方便机械操作、简化栽培，确定行株距配置为（3.0+2.0）m×0.8m 的定植模式，定植密度 333 株/亩。种植的第 1 和第 2 年可以适当增加定植密度，采用行株距

为（3.0+1.5）m×0.8m 的模式定植，定植密度 476 株/亩。当土壤 5cm 深度平均地温 12℃以上，即 4 月上中旬开始定植。定植穴深 30cm，直径 30cm，表土、底土分别堆放，土壤回填时，表土填下面，底土填上面，具体视苗木大小开挖定植坑。

⑤土壤施肥。幼苗定植时，施足底肥。

⑥树形管理。黑果枸杞的修剪跟红果枸杞是有差异的，主要体现在枝条软，棘刺多，树体生长慢。在修剪中，应采用"剪、清、疏"的修剪原则，即剪掉徒长枝、清掉膛内枝、疏出过密枝。这样既利于树体的通风透光，关键是利于果实采摘，也便于黑果枸杞的推广种植。短截容易造成主枝分枝过多、树形不紧凑、主枝下垂、树体过密等不利于果实采摘和树体管理的弊端，不宜采用短截的修剪方法。

在定植后的第 1 年，要主要培养树体，提树干，剔除主干 20cm 以下的所有侧枝和根蘖萌发枝条，清掉膛内油条和小枝条，同时要采用 1.2m 的竹竿进行绑扶，以便于培养树型。

第二节　栽植技术

一、建园地的选择及规划

（一）建园地的选择

黑果枸杞植株良好的生长发育需要有良好的自然条件。自然条件包括气候条件、环境条件和土壤条件。当自然条件适宜黑果枸杞的生长和结果时，黑果枸杞植株就生长发育良好，管理也方便，较容易获得优质高产；反之，当自然条件与黑果枸杞生长发育所需要的条件相差很大时，黑果枸杞树就生长不良，无法获得优质高产。当然，黑果枸杞树对自然条件的要求也不是绝对的，一般都有一定的范围。一个地区的自然条件不可能满足黑果枸杞树生长、发育、开花、坐果的各个时期的需要，不适宜时，可以通过栽培措施来解决。但总的来说，树体本身的生长发育规律是不可违背的，如果自然条件与黑果枸杞树所需要的条件相差很大，超出了树体的适应能力，黑果枸杞植株也就无法正常生长发育。因此，在建园时应充分考虑黑果枸杞生长发育所需要的具体自然条件，按照安全性原则、区域性原则和可操作性原则，认真做好种植土地的调查和选择工作。

1. 气候条件

（1）温　度

温度直接影响黑果枸杞的生命活动，枸杞的萌芽、展叶、开花、落叶、休眠都受到温度变化的制约。宁夏枸杞对温度的要求是比较广的，在国内，最南端可引种到云南昆明，最北端可引种到黑龙江省农垦总局。枸杞的引种在西藏高寒地带也获得成功。综合全国枸杞引种区域普遍认同的观点，枸杞建园对温度的要求是年有效积温 2 800～3 500℃。要实现生产优质枸杞的目的还要考虑以下两个温度数值：一是在枸杞成熟阶段 30℃以上持续天数在30 天以上；二是果熟期间的昼夜温差在 15℃以上，温差大能生产出优质的枸杞果实。枸杞叶片光合制造的养分，首先很大一部分用于呼吸消耗，温度越高，呼吸作用越强，呼吸消耗的光合产物越多。当夜幕降临时，太阳光没有了，叶片不能进行光合作用，但叶片的呼吸作用仍在进行。夜晚温度低时，呼吸作用强度小，就有利于光合产物的积累。所以，昼夜温差越大，果实肉厚且碳水化合物含量越高。

（2）降水量

枸杞叶片是等面叶，栅栏组织非常发达，是一种抗旱耐旱的作物。如果仅考虑枸杞改善生态环境的作用，以野生分布和引种成活为指标，年降水量在 300～500mm 均可生长。如果以经济性状（产量和质量）为指标，在无灌溉条件，年降水量为 600～800mm，且大部分降水是在枸杞的生长季节中（4—10 月）的地区建园最好。降水量低于 300mm 的地区除非有良好的灌溉条件，否则无法保证枸杞生产的丰产性。年降水量高于 800mm 的地区温暖潮湿，枸杞病害易发生，减产幅度大。

（3）光　照

光是叶片光合作用的必要条件，光照不足会使光合强度降低，不能正常供应生长结果所需要的营养物质，从而使树体生长发育不良，产量低，质量差。枸杞是强光照植物，光照条件不好，对枸杞的质量影响较大。光照充足，枸杞生长发育好，结果多，产量高；光照不足，植株发育不良，结果少，质量差。而且枸杞的生殖又是无限花絮，在原产地，枸杞的花果成熟期长达 6 个月（5—10 月），从现蕾、开花、坐果到果实成熟连续不断，有开花、有结实，所以，从 5 月到 10 月都要有较长时间的光照，才能满足植株生长、生殖对光的需要。一般来说，年日照时数低于 2 500h，或是在枸杞的果实成熟期的 6—10 月光照时数低于 1 500h 的地区建园，黑果枸杞都很难达到优质高产的目的。

2. 环境条件

黑果枸杞作为防病治病和保健的特殊商品，其产品的安全性是第一位的。影响黑果枸杞产品安全性因素主要是黑果枸杞生产园区是否有污染源，空气、土壤、水源是否达到规定的清洁标准，土壤中所含的重金属、农药残留及有害物质是否超过法定标准等。因此，我们在选择黑果枸杞生产园址时必须遵照安全性原则，把握好黑果枸杞园的环境条件。

（1）大气污染

计划建园地的周围，如果存在大量工厂排放出的未加治理的废气以及有机燃料燃烧排出的有害气体，如二氧化硫、二氧化氮、氟化物、粉尘和飘尘等污染了空气质量，那么，再这些地方生产的黑果枸杞就会影响产品安全性。原因是这些污染物对黑果枸杞会造成危害，主要表现为叶片叶绿素遭到破坏，生理代谢受到影响，严重时叶片枯死，甚至整株死亡。对人的危害主要是黑果枸杞被污染后，大量的有毒有害物质在黑果枸杞嫩梢、叶片、果实中积累，人食用后会对身体产生危害。

（2）水质污染

工业排放未加治理的废水、废渣，农田大量施用化肥和农药，都会使地表和地下水源受到污染，用这些被污染的水灌溉黑果枸杞的结果是：直接危害，引起黑果枸杞生长发育受阻，产量、质量下降，或者产品由于受到污染本身不能食用；间接危害，由于污水中含有很多溶于水的有毒有害物质，这些有害物质被黑果枸杞根系吸收进入树体中，严重影响黑果枸杞正常的生理代谢和生长发育，造成减产或者使产品内的毒物大量积累，然后通过食物链转移到人体，对人体造成危害。

（3）土壤污染

土壤污染主要是指重金属污染，是工业"三废"（废水、废气、废渣）造成的环境污染以及用被污染的水灌溉黑果枸杞园，造成园地土壤污染。这些重金属元素主要是镉、汞、砷、铅、铬、铜。污染环境的镉主要来源于金属冶炼、金属开矿和使用镉为原料的电镀、电机、化工等工厂，这些工厂排放的"三废"都含有大量的镉，是毒性强的重金属，对人体危害很大，已被世界列为八大公害之一。污染环境的砷主要来自造纸、皮革、硫酸、化肥、冶炼和农药等工厂的废气及废水。土壤受到砷污染后，会阻碍植物水分和养分的吸收，使作物产量明显下降。污染环境的铬主要是电镀、制革、钢铁和化工等工厂的污染。污染环境的铅主要来源是汽车的尾气，汽车尾气中 50% 的铅尘都飘落在距公路 30m 以内的土壤和农作物上。污染环境的汞来源于矿山开采、汞冶炼厂、化工、印染和涂料等以及含汞农药的施用。汞对人体的危害性很大，从人体排泄又比较慢，是一种蓄积性毒素。在黑果枸杞建园时要特别注意不能选择在距污染源比较近的地方，尤其是不能选择在未进行废水、废渣治理的河流的下游建立黑果枸杞园。

3. 土壤条件

黑果枸杞的适应性很强，对土壤条件的要求不严，在各种质地的土壤上都能生长。要实现优质高产的目的，在建园时针对土壤条件还应注意以下几点。

①最好选择土壤深厚有良好通气性的轻壤、沙壤和壤土建园。

②土壤有机质含量在 1.0% 以上，土壤含盐量 0.5% 左右，pH 值 8 左右，地下水位 1.2m 以下，有效土层 30cm 以上。

③由洪积形成的灰钙土类型，土壤质地不匀，往往土里有礓砂和石块。尤其是新开发的土地，建园时，要实行局部换土和增施有机肥料。

（二）园地规划

在我国，人工栽培黑果枸杞的历史悠久，传统小面积分散种植的模式一直沿用到 1960 年左右，随着宜耕荒地的开发，不适宜种植农作物的沙荒、盐碱地被用来栽种黑果枸杞，到 1970 年左右，新建黑果枸杞园便创建了大面积（20 亩以上）集中栽植的栽培模式。为了方便黑果枸杞耕作、灌溉、施肥、喷药、采收等管理工作和营销，适应现代农业的发展趋势，实现机械化作业，科学化管理，规范化种植，在园地规划中，要根据当地的生产规模统一安排，重点从如下几个方面予以考虑。

1. 设置完备的排灌系统和道路

大面积集中栽植的黑果枸杞园，根据建园地大小及地形特点，在建园时先规划出排灌系统，主要是支渠、支沟和农渠、农沟。支渠和支沟的位置应设在地条的两侧，每隔两条地设一排水农沟，农沟同支沟连通，保证排水畅通。农渠一定从水渠开始（如水井、引水支渠）贯通全园。渠首最好在园地较高的一头。否则从低处向高处送水，需要建高渠或使用管道。在水源不混浊，水质较好的地方，也可以考虑用滴灌的方法进行灌溉。滴灌的干管、支管和毛管的设置要有一定的高差，滴灌畅通才能有好的效果。

生产路的设置可同渠、沟土结合进行，在排水沟两侧上留 4~5m 宽的位置，设置农机具和车辆的道路。小面积分散种植建园时，也要考虑留有 2~

3m 宽的生产路，以方便运送肥料，拉运鲜果等需要。黑果枸杞园每条地的宽度，机械作业为 40~50m，人工操作为 30~35m。地条的长度以 400~500m 为宜。

2. 设置防护林带

风害对黑果枸杞植株的危害不可忽视。东北地区春季干旱多风，沙尘暴频频降临，此期正值黑果枸杞植株萌芽放叶和新梢抽生及结果枝现蕾期，来自西北方向的大风及沙尘暴造成新枝芽被抽干，新梢和花蕾干枯死亡；尤其是在新开垦的地上建园，黑果枸杞受害更甚，严重者整株死亡。所以，在新建黑果枸杞园的同时，必须规划设计出防护林带（林网），边造林，边建园。经过实地调查发现：距离黑果枸杞园 10m 沿西北方向 15m 宽的乔灌混合林带比无林网地段可降低风速 30%~40%，空气湿度增加 10%~20%，黑果枸杞植株受害率降低 60%~70%。

一般防护林带的设置要与当地主风方向呈垂直走向，副林带设置在与主林带相垂直方向的地条两头。

（1）林带间距与宽度

主林带宽 15m 左右，带间距为 150~200m，株行距配置为行距 2~3m，株距 2m；副林带宽 10m 左右，带长与黑果枸杞园等长或略长，株行距配置与主林带相同。

（2）树种的选择与搭配

栽植树种要选择对土壤的适应性强，生长量大，与黑果枸杞无共同病虫害，且能对黑果枸杞病虫害有抑制作用（如紫穗槐、柽柳、臭椿等）的乔灌木，可混栽树种来配置。

3. 园地划分小区便于节水灌溉

规模建园的地条可根据地势高低划分小区或畦块，每个小区以半亩为宜，易于一次性土壤平整。因为枸杞一次建园，有效生产年限在 20 年以上，而每年在黑果枸杞的生育季节灌水次数较多，所以，土地平整是节水省水的重要环节。一般平整要求高差在 3~5cm，每小区做护心埂间隔，方便土壤耕作。划分小区灌溉水层均匀，不会造成田面积水，可防止土壤局部返盐，避免黑果枸杞根部受水浸而感染根腐病。

（三）黑果枸杞栽植

1. 栽植密度的选择

由于黑果枸杞的栽培历史悠久，群众在生产实践中采用过多种栽植密度和配置方式（白春亮，2016）。在老产区，传统的小面积分散种植、人工田间作业多用的是小密度正方形配置。如株行距为 2m×2m，每亩栽植 167 株；或株行距为 2.5m×2.5m，每亩栽植 107 株。这种配置主要是为了在黑果枸杞的幼龄期（1~4 年）实行田间间作，在行间多种植豆类、蔬菜、甜菜或瓜果作物。近代提倡合理密植，新建黑果枸杞园栽植密度改为长方形配置的株行距，定植密度为 222 株/亩（1.5m×2m）~333 株/亩（1.0m×2m）；大面积集中栽植的新建黑果枸杞园为便于规模化生产和集约化管理，以提高农业机械在田间操作的利用率为目的，较为成功并已推广的栽植密度为株行距 1m×3m，每亩栽植 222 株的长方形配置。这种配置的田间作业如翻晒园地、中耕、浅耕、喷药防虫、叶面喷肥、土壤施肥等均可实行机械作业，农业机械化利用率可占全部田间作业工作量的 73%。

2. 苗木移栽建园

（1）建园栽植时间

园地规划和土地平整完成之后，选择好良种壮苗，即可栽植，其栽植时间依据当地气候条件来确定。东北地区经过休眠的种苗可在土壤解冻后、黑果枸杞苗木萌芽前的 3 月下旬到 4 月上旬进行，绿枝活体苗可在 5 月上中旬选择阴天定植，定植后应及时灌水，有条件的应进行遮阴 7~15 天。

（2）苗木处理

从苗圃起出的苗木要进行修剪处理，方法是将苗根茎萌生的侧枝和主干上着生的徒长枝剪除，同时定干高度 50~60cm，将根系的挖断部分剪平，有利于成活后的新根萌生。远距离调运的苗木要在栽前放入水池中浸泡根系 4~6h，或用 100mg/kg 的萘乙酸浸根半 h 后栽植，经处理后的苗木，成活率提高 5% 以上，萌芽期提前 10 天左右。

（3）挖坑栽苗

按选定的栽植株行距进行定点挖坑，定植坑规格为 30cm×30cm×40cm（长×宽×深），坑内先施入有机肥（可用经腐熟的畜肥）5kg，加氮、磷复合肥 100g（适量加入速效氮肥可促进有机肥营养物质的分解和释放）与土拌匀后栽入苗木，扶直苗木，填表土至半坑，轻踏，提苗舒展根系后填土至全坑，踏实，再填土高于苗木根茎处（一提二踏三填土）。如果坑土墒情差，可适量浇水，以保成活。如果有充裕的苗木，可以在已定的株间加栽 1 株临时性苗木，与固定的苗木一样栽植与管理。这种做的好处是：可作为以后园内缺株补栽的苗木来源，保持树龄一致；能够在株间冠层郁闭前的 1~3 年内增加产量，提高收入。

（4）建立建园技术档案

黑果枸杞的规范化栽培要求种植单位、个人或生产企业都应建立黑果枸杞从良种的选择、育苗、建园及建园后的技术管理乃至生产出产品全过程的文字、图表记录，有条件的可附照片或图像。记录包括：品种、繁育方法、苗木规格、建园地址、规划设计、土质及土壤分析数据、面积、栽植密度、栽植时间、栽植株数、肥料种类、数量、方法、成活率等，为以后建立全过程生产档案打好基础。黑果枸杞园的技术档案是规范化栽培技术的重要组成部分，是质量管理、标准操作的凭证，也是黑果枸杞产品获得市场准入和进入绿色食品行列的重要依据。

3. 硬枝直插建园

硬枝直插建园就是在采用硬枝扦插育苗的同时建园。由于对土壤条件的要求较高，面积有限，所以，这种方法仅适用于小面积分散栽培，所培育的苗木按建园株行距选留后不需移苗，多余的苗木可移出另栽或出售。这种方法经济、高效，很适宜在条件好的农村、农场推广。我们于 1996 年在黑果枸杞科技示范园区，选择了 3.4 万 m^2（50 亩）较肥沃的轻壤土，经过精细平整后，按 3m 的行距开沟（深 40cm），施入有机肥，每亩掺入氮、磷复合肥 50kg，与土拌匀后再撒入乐果粉 5kg（杀灭地下害虫如蛴螬、蝼蛄等）封沟。4 月 1 日剪插穗，生根剂处理（与育苗同），扦插时按 3m 的施肥行插双行，行间距 20cm，株距 10cm，每亩插入插穗 4 444 根。经 8 月 15 日调查，每亩成苗 3 410 株，成苗率 76.73%。田间管理类同于苗圃。该成苗于 8 月中旬现蕾开花，9 月上旬开始采收鲜果直至 10 月下旬。当年苗木生长量为：平均株基茎粗 1.5cm，株高 90cm，冠幅 35cm，结果枝 24 条；平均每亩收鲜果 280kg，当年见效益。翌年春季按行距 3m，株距 0.6～1m 留苗，多余的 3 000 株苗另起出出售或另栽植建新园。这样可获得当年产果、产苗双盈利。

4. 覆膜栽植建园

在已经定植完好的黑果枸杞园内，按照苗木的株距在宽 1m 的农膜上打孔，覆盖于地表上，两侧覆土压实。由于覆盖地膜后提高了土壤温度，保持了土壤墒情，防止了水分蒸发散失，因此，可以促根系早萌动，利于黑果枸杞的种苗成活和生长发育，为当年结果奠定了良好的基础；同时还可防止害虫羽化出土，降低病虫危害，减少了铲除杂草的劳动量。试验表明，覆盖地膜对黑果枸杞的株高、冠幅、地茎、成枝率等均有较大影响。覆盖地膜后，定植苗木的成活率达到 90% 以上，比对照提高 13%；植株早萌芽 3～5 天，实现定植当年每亩产鲜果 100kg，同时还减少了田间铲园除草等管理环节，降低了劳动强度和生产成本。

（1）覆膜栽培技术

1）铺膜

种植前采用机械铺膜，铺设 0.1mm 白色地膜，以提高地温、减少浇水后的水分蒸发量，提高黑果枸杞成活率。

2）定植

通过考察调研，结合苗木生长发育特点，并考虑到方便机械操作、简化栽培，确定行株距配置为（3.0+2.0）m×0.8m 的定植模式，定植密度 333 株/亩。种植的第 1 和第 2 年可以适当增加定植密度，采用行株距为（3.0+1.5）m×0.8m 的模式定植，定植密度 476 株/亩。当土壤 5cm 深度平均地温 12℃以上，即 4 月上中旬开始定植。定植穴深 30cm，直径 30cm，表土、底土分别堆放，土壤回填时，表土填下面，底土填上面，具体视苗木大小开挖定植坑。

（2）覆膜滴灌栽培技术

①移栽。移栽时间东北地区在 4 月中下旬。株行距 1m×2m，亩栽 333 株；或株行距 0.7m×2.2m，亩栽 430 株。栽植时先铺滴灌带覆膜，再在膜上开洞栽植黑果枸杞苗。有机肥可在覆膜前按照株行距施入栽种区域或在耕层混施，每亩施用 1.0~2.0t。栽植时要看苗挖坑，如幼苗大且根长超过 20cm，要挖直径 30cm、深 50cm 坑，然后填土 4~5cm，把树苗放入坑中扶正，填埋稍湿润细土，用脚踩实，埋树苗深度稍超过原土印。栽植要求苗木排列整齐、美观。栽植后立即浇足定根水。

②灌水。移栽后要保证浇好前 2 次水，黑果枸杞怕涝不怕旱，以后每次浇水不宜过多过大，浇水过多易造成根部通气不畅，影响黑果枸杞生长。当年整个生育期灌水 5~6 次。一般 4 月下旬第 1 次灌水，6—7 月第 2 次灌水，8—9 月第 3 次、第 4 次灌水（降水量多，则不灌），10 月控制灌水。11 月上半月冬施基肥后，灌好冬水。

③施肥。育苗期，整地所施厩肥足够幼苗生长所需，无须再施肥。苗木移栽后，幼龄树施肥用沟施法，在苗木的两行间，挖 1 条小沟施肥，成年树多在树冠外缘挖环状沟施肥。5 月上旬蕾期和长春梢时，追 1 次肥。滴灌条件下每水可带肥，第 1 年每亩带肥 30kg 左右，6 月中旬前以氮肥为主，7—8 月以磷钾肥为主，成年树可加倍。在花果期，要适当喷施叶面肥，可选择用 1%~2%氮磷钾水溶肥，或用 0.3%磷酸二氢钾、黄腐酸等。入冬前施肥，以油渣、动物粪便及氮磷复合肥等为主，在冬灌前施入。

④除草黑果枸杞移栽后，要中耕除草，避免杂草长势过旺，影响幼树生长，之后要适时除草，以保证树木健壮生长。有滴灌条件的种植户铺地膜及滴灌带，然后在地膜上打孔移栽，既保水、保肥，又防草。

二、田间管理技术

枸杞从育苗栽培到收获的整个生长发育期间，在田间所进行的一系列技术管理措施，称为田间管理。果用枸杞园田间管理技术是依据植株的有效生产周期分为幼龄期（1~4年）与成龄期（5年以上），但为了易于经营者对管理技术的理解和掌握，在分龄期叙述时侧重于两个龄期的土壤管理和树体管理。土壤管理的项目有土壤耕作、土壤施肥和节水灌溉；树体管理的项目有整形修剪、病虫害防治和根外追肥技术。为了将这些管理项目不误农时地做细做好，又强调了各管理项目的技术要求和实施方法，但重要的是必须与在当地当时的气候条件下枸杞植株周年生育期内的营养生长和生殖生长规律为前提，紧紧围绕发枝、结果、丰产、优质的目标而展开。依据黑果枸杞对土壤、肥分、水分的需求以及田间操作的实践经验，管理时建议采取以下操作措施。

土、肥、水是黑果枸杞赖以生存的物质基础。黑果枸杞通过根系从土壤中吸收养分和水分，从而保证树体的正常生长发育。黑果枸杞园的土、肥、水管理是黑果枸杞管理的重要方面，管理的好坏直接影响黑果枸杞的生长，进而影响到经济效益。

在进行正确管理之前，首先应该明确黑果枸杞对土、肥、水等环境条件的要求。了解和掌握这些环境要素对黑果枸杞规范化栽培具有重要的指导意义。

土壤作为黑果枸杞植株的生存基础，供给其生长的营养和水分。黑果枸杞对土壤的适应性很强，在一般土壤如沙壤土、轻壤土、中壤土或黏土上都可以生长。在生产中，要实现优质高产栽培，最理想的土壤类型是轻壤土和中壤土，尤其是灌淤沙壤土最适宜。这类土壤通透性好，相容养分的能力强，土壤中营养元素含量丰富。但如果土壤沙性过强，则会造成肥水保持差，容易干旱，黑果枸杞生长不良。如果土壤过于黏重，如黏土和黏壤土，虽然养分兼容能力强，但土层容易板结，土壤通透性差，对黑果枸杞根系的呼吸及生长都不利，枝梢生长缓慢，花果少，果粒也小。在栽培中，对待这类土壤必须进行改良。改良的办法是：向黑果枸杞园中增施猪粪、羊粪等有机肥，或者是增施柴草等有机物质，可增加土壤的有机质和肥力，更主要的是疏松了土壤，改善了这类土壤的通透性。

黑果枸杞的耐盐碱能力很强，适应范围也很广。在新疆的天山脚下、宁夏的贺兰山东麓和甘肃祁连山脚下的盐碱地，土壤含盐量 0.5%~0.9%，pH 值 8.5~9.5 的灰钙土、荒漠土上种植黑果枸杞，生长发育正常，还获得了每亩产干果 150kg 以上的产量（李春喜，2016）。在白僵地插花的淡灰钙土地上栽种黑果枸杞，试验结果，1~4 年有效土层 0~40cm 深的土壤全盐量由 0.5%下降到 0.21%，全氮含量由 0.028%增加到 0.056%，全磷含量由 0.075%增加到 0.111%，土壤有机质含量由 0.40%增加到 1.15%，获得了每亩产干果 185kg 的高产。河北省也有在海河流域的盐碱地上先种黑果枸杞进行土壤改良，然后栽梨树、枣树的成功先例。

黑果枸杞是多年生经济树种，同一立地条件下栽培的有效生产年限长，加之周年生育期内连续发枝、开花、结果，不但需肥量大，还要连续供肥。如果养分供应不足则会产生一系列影响：一是影响新梢的萌发和生长，造成发枝力弱，新梢长势弱；二是影响根系生长和叶片的光合能力，造成落花落果严重；三是不仅影响当年产量，还直接影响树体养分积累和第 2 年生长结果。

因此，要做到黑果枸杞植株在年度生育期内营养生长和生殖生长保持适度的平衡，实现均衡产果，保证植株春季萌芽发枝旺，夏季坐果稳得住、秋季壮条不早衰，必须要了解并掌握黑果枸杞树体在年度生育期内营养生长和生殖生长的规律和肥料与黑果枸杞植株生长发育的关系，在此基础上建立合理、经济、科学的施肥技术体系，确定施肥方法、施肥时间、肥料品种配比和施肥量。

（一）土壤管理

土壤是黑果枸杞植株株体的载体，土壤的有效土层（耕作层）是供应枸杞株体生长发育所需营养物质的主要来源。在黑果枸杞年生育期内不误农时地进行土壤耕作，可促使活土层的土壤疏松透气，改善土壤团粒结构，促进土壤微生物繁衍活动，提高土壤肥力，营造一个适宜于根系繁衍生育的良好土壤环境，是保证黑果枸杞植株正常生长发育的物质基础，同时也可起到防治病虫害和消灭杂草的作用。

1. 土壤耕作

科学的土壤耕作，不仅是为了松土灭草，也是防治病虫害中农业防治法的主要措施之一。

（1）春季浅耕

浅耕就是对黑果枸杞园地表土层（10~15cm）进行农机旋耕或人工浅翻。在东北地区的浅耕时间于春季土壤解冻、植株萌芽前的3月下旬进行。早春的土壤浅耕可以起到疏松土壤、提高地温、蓄水保墒、清除杂草和杀灭在土内越冬的害虫虫蛹的作用（害虫多以蛹、茧等虫态在土内越冬，经浅耕到土表，日晒夜冻而死亡）。此期随着气温的升高，黑果枸杞根系即将进入春季生长期，浅耕可促进活土层根系活动。据观测：浅耕的土层比不浅耕的土层土温提高2~2.5℃，新根萌生提早2~3天，地上部植株萌芽提早2~3天，为春季萌芽、抽枝的早、齐、壮营造了适宜条件，春季雨少风大地区不宜翻耕。

（2）中耕除草

在黑果枸杞植株的营养生长和生殖生长季节对园地土壤进行耕耘并除去杂草，使土壤保持疏松通气的作业方式叫中耕。时间在5—7月，第1次在5月上旬，中耕深度10cm左右，清除杂草的同时铲去树冠下的根蘖苗和树干根茎附近萌生的徒长枝；中耕要均匀，不漏耕，方能起到疏松土壤、破除灌水后造成的土壤板结的作用。第2次在6月上旬，这时即将进入果熟期，及时中耕锄草，保持园地表面清洁，便于采果期间捡拾落地的果实。第3次在7月中下旬，主要是锄去杂草，方便采果，还能达到防治病虫害的效果。

（3）翻晒园地

黑果枸杞园地经过生产管理和采果期间的人为践踏，活土层僵实，不利于黑果枸杞生长。因此，在采完黑果枸杞的8月中下旬，要对黑果枸杞园进行土壤深翻，疏松活土层，清除杂草。深翻耕作土层，切断树冠外缘土层内的水平侧根，可起到对根系进行一次修剪的作用，有利于翌年春季从断根处萌生更多的新根，增加吸收毛根数量。剖土的观测表明，树冠外25~30cm的土层的一条断根，翌年4月中旬新萌生毛根3~6条。吸收养分的毛根越多，吸收营养的面积越大，这有利于植株旺盛生长。另外，通过深翻土壤，可有效地增加冬灌蓄水量（东北地区冬春干旱长达半年，冬灌蓄水可保证植株安全越冬），经测量：秋翻园的园地冬灌每亩入水量75m³，未翻园的园地冬灌每亩入水量只有60m³。在东北地区翻晒园地的时间为9月下旬至10月上旬，翻晒深度25cm左右，黑果枸杞行间机械深犁，树冠下适当浅翻，不要碰伤根茎。

2. 施肥措施

肥料是植物的粮食。通过土壤施肥，增加土壤肥力，改善土壤结构，提高土壤有机质含量，是促进枸杞植株生长量大、发育健壮、产果量多的必备条件。合理施肥一方面是供给枸杞株体所需养料，同时还改良了土壤环境。株体、土壤、肥料是相互关联的有机组合。枸杞是多年生经济树种，同一立地条件下栽培的有效生产年限长，加之周年生育期内连续发枝、开花、结果，不但需肥量大，还要连续供肥。要做到枸杞植株在年度生育期内营养生长和生殖生长保持适度的平衡，实现均衡产果，保证植株春季萌芽发枝旺，夏季坐果坐得稳、秋季壮条不早衰，必须讲究科学施肥，做到以下4点：一是了解并掌握枸杞株体在年度生育期内营养生长和生殖生长的需肥规律，科学确定施肥时间、肥料种类和施肥量。二是本着经济有效的原则，采用正确的施肥方法，提高肥料利用率。三是氮、磷、钾配合施用，有机肥和无机肥配合施用。四是年度内科学选择促进营养生长、保花保果、秋枝不早衰相结合的施肥方式。为此，首先要了解并掌握有关肥料的基本知识及肥料与枸杞植株生长发育的关系，这是科学合理地实施施肥技术的关键。

（1）肥料与植株生长发育的关系

植株依靠根系和叶片吸收养料。根系从土壤中吸收各种营养元素和水分，叶片从空气中吸收二氧化碳，经过光合作用制造淀粉、蛋白质、脂肪等有机物质，变为植株营养成分的组成部分。叶片从空气中吸收的二氧化碳是永远不会缺少的，所缺少的是根系从土壤中吸收的营养物质，这就必须通过施肥来满足植株生育的需要。

（2）肥料的种类和性质

根据肥料施入土壤后发挥作用的快慢，大体可分为迟效肥和速效肥两大类。

迟效肥中的有效成分不能立即溶于水中，而是需要慢慢地转化和分解。不溶于水的肥料属于无效肥，枸杞不能直接吸收，只有通过微生物的分解，无效肥转化为有效肥时，枸杞才能吸收。所以，某些有机肥，如畜禽粪肥、饼肥、动植物残体等，必须经腐熟才能被利用。有机肥虽然在土壤中发挥效益慢，但有效期长，养分种类全，氮、磷、钾含量都很丰富，如大豆饼含有机质88.4%，含氮6.3%，含磷0.92%，含钾0.12%，还含有多种微量元素，能在相当长的时间内不断发挥作用，是构成土壤肥力的基础。另外，有机质在土壤中分解，还形成大量的腐殖质。腐殖质的分解速度更慢，可以在几年甚至十几年的时间内不断释放出枸杞生长需要的各种养分，成为基础肥力。

速效肥主要是化学肥料，大多数化肥能立即溶于水中并被土壤吸附，很容易被根系吸收利用，且含量高，施入土壤中发挥效益快，但养分含量单一，即便是复合肥也只是含有少数几种营养元素。施入土壤中有效期短，不能持久发挥作用。在氮素化肥中，氨水的肥效最快，其次是碳酸氢铵，尿素肥效相对最慢。而过磷酸钙在土壤中的分解速度比任何化学肥料都慢，是速效化肥中分解最慢的一种。为了更好地施用化肥，除了要了解化肥肥效发挥速度的快慢之外，还要了解各种肥料施入土壤中是显酸性还是显碱性，如氯化钾在土壤中是碱性反应，在盐碱地上不如硫酸钾效果好。了解肥料在土壤中持春季的显性，就能做到经济合理地施用化肥。

（3）氮肥的作用和施用方法

氮肥是植物体内蛋白质、叶绿素和酶的重要组成成分，氮对枸杞果实内含生物碱、苷类和维生素等有效成分的形成和积累也有重要作用。各种有生命的组织都离不开氮，尤其是迅速生长的部分，如正在生长的枝、叶、花、果实都需要大量的氮。枸杞在 4 月下旬到 10 月整个生育过程中，营养生长和生殖生长相互重叠，尤其是 5—6 月，春梢正在生长，叶片也在增大，两年生枝、果正在发育，均需要供给氮素肥料。花期和春梢旺长期氮素供应充足，以及秋施氮肥使叶片后期功能加强，都是获得枸杞优质高产所必需的。

根据试验，在不同时期给土壤中施氮有不同的表现。春天施氮肥，可以提高全年的土壤有效氮水平，发挥效力虽慢，但维持时间长，且不易流失，可促进春季发枝"早、齐、壮"；夏天施用，发挥效力快，但维持时间短，相同的用量，一般只能维持春季 1/3 的时间。秋天施用，相同的用量一般能维持春季的 2/3 时间。由此可见，夏天施氮流失最快，因而夏季施氮肥不如春秋季施用好。

枸杞园通常施用的氮素肥料有尿素和碳酸氢铵。尿素施入土壤中通过脲酶的作用被微生物分解为氨态氮和硝态氮，分散性好，易被枸杞根系吸收。尿素在枸杞园中施用，多用作追肥。

（4）磷肥的作用和施用方法

磷肥是植物体内细胞核的组成原料，可促进养分的积累和转化，不论是开花、坐果，还是枝叶生长、花芽分化、果实膨大，都离不开磷肥。磷肥和钾肥配合能显著改善果实质量，提高含糖量。磷供应正常还能提高根系吸收其他养分的能力。从这些作用来看，黑果枸杞在一年中对磷的需求量基本上没有高峰和低谷，比较平稳。黑果枸杞生产中施用磷肥，单一磷肥以过磷酸钙为主，结合秋施基肥，与有机肥混合施用；复合磷肥大多数用作追肥，肥料种类多为磷酸二铵、三元复合肥。

在北方偏碱性的土壤中，土壤含磷量并不低，但由于土壤偏碱性，能溶于水的有效磷很少，因而经常使土壤处于缺磷状态。解决北方枸杞园缺磷问题，除了及时补充磷肥外，更关键的是增施有机肥，加强对土壤的改良，使土壤从偏碱性逐渐转化成中性，使磷肥从无效态转化为有效态，这是提高土壤有效磷含量的最好途径。在每年秋季，施用过磷酸钙结合深翻与有机肥一块施入，全年施 1 次即可。施用过磷酸钙要预先粉碎，与优质有机肥混合均匀后再施入土壤中。优质有机肥都是酸性，与过磷酸钙混合时，在磷肥细小的颗粒外面包上一层肥料"外衣"，以减少与碱性土壤颗粒接触的机会，使磷肥被固定的速度变慢，可在较长的时间内发挥作用。复合磷肥属于速效肥，多呈中性或弱酸性，主要以追肥为主，开沟或挖穴施入效果较好。

（5）钾肥的作用和施用方法

钾在植物体内参与蛋白质的运输、合成和贮藏，维持生理代谢平衡，并有利于果实和各种组织的成熟。钾肥还是植物体内代谢过程中某些酶的活化剂，它能提高光合作用的强度，促进碳水化合物的合成，对促进果实糖分积累和组织成熟发挥着重要的作用。新梢叶片增长期和幼果发育期对于钾的需求量大，增施钾肥能显著提高黑果枸杞的质量。

钾肥是水溶性的，与氮肥一样，夏季要注意少施勤施，以防流失。每年施用钾肥从春梢进入旺长以后进行，可以与氮肥配合施用，分两次追肥，施肥量占全年施钾肥量的 3/4，其余部分放在 8 月中旬，秋梢旺长阶段施用，以保证秋果果实质量。

（6）微量元素的作用及其施用

除氮、磷、钾三大肥料元素外，还有许多元素对黑果枸杞植株的生长发育也起到非常重要的作用，虽然，黑果枸杞对这些元素的需求量很少，但这些元素缺乏时同样会引起黑果枸杞发育的生理障碍，因而被称为微量元素或微量肥料。如铁参与叶绿素的合成，铁供应缺乏时叶片会失绿变黄，尤其是新梢顶端的幼叶首先出现症状，叶片变黄，但叶脉尚能保持绿色。随着症状的加重，叶脉也逐渐变黄，叶片干枯脱落。缺铁症状在 5 月、8 月新梢旺长期出现的机会较多。土壤缺铁的主要原因是土壤偏碱，解决的办法是增施有机肥，或者硫酸亚铁与有机肥一起施用，使土壤变成中性或微酸性，缺铁现象就会自然消失。黑果枸杞对铁的吸收与土壤通气状况也有密切的关系。当通气不良，根系缺氧时，地上新梢也会出现类似缺铁的症状：每年 6—7月，中间枝条的顶端叶片发蔫，看似缺铁，实际上是多次灌水，或下雨沉实了土壤，使土壤通气不良而使根系缺氧所致。因而在生产实践中，应正确分析，注意判断缺氧和缺铁的区别。轻度缺铁时，可以用 0.2% 硫酸亚铁进行叶面喷雾，一般能立即缓解症状，起到土壤施用起不到的作用。

缺硼也是枸杞产区经常发生的事情，轻度缺硼时，往往没有明显的症状，但授粉后坐果率低，容易落花落果，致使产量低，品质差。防止缺硼，主要是采取在春发结果枝的盛花期喷施 0.2% 硼砂水溶液，有明显的矫治效果。缺锌的症状是易发生小叶病，但在枸杞上表现不太明显。

通过检测证实，枸杞缺锌一般叶片相对变小、变薄。发现以上症状，可用 0.2%~0.3% 硫酸锌加 0.3% 尿素混合液，效果较好。

大量的试验验证和多年的实践经验表明，枸杞的施肥采用氮、磷、钾配合施用比单一施用效果好，这样做养分齐全、相互促进吸收；速效化肥与迟效有机肥配合施用效果好，这样可促进有效养分的转化、分解，有机肥有叠加效应（肥效逐年上升）。长期施用速效化肥，土壤中有效态微量元素有下降趋势，稍不注意有可能成为新的养分限制因子。枸杞园施肥强调增施有机肥料，既能保证枸杞生育期内株体对各种营养元素的持续供给，又能防止缺素症的发生。

（7）施肥原则

春促：营养临界期的 4 月施氮肥。

夏保：营养最大效率期的 5—6 月施氮、磷、钾复合肥。

秋补：10 月重施有机加无机混合基肥。

（8）施肥方式

目前在黑果枸杞田间管理中主要采用以下几种施肥方式。

1）干　施

黑果枸杞根系的根毛是吸收养分的主要部位，而树冠外缘是根毛分布最多的区域。在黑果枸杞树冠的外缘开挖对称穴坑或农机犁开条沟（深度为 30~40cm），将肥料直接施入坑（沟）内与土拌匀后封土。

2）湿　施

将肥料加入一定比例的清水，稀释后浇到园地或用液肥施肥机注入耕作层。

3）根外追肥

将肥料配成一定浓度的水溶液，用喷雾器喷洒到植株的茎叶上，通过茎叶气孔和角质层吸收。根外追肥还有用量少、见效快以及避免磷肥和某些微量元素被土壤固定等优点。根外追肥优点诸多，但不能完全代替土层根际施肥，必须讲究喷施技术，方能达到预期效果。

4）叶面施肥的使用方法

叶面肥的施用时期。根据黑果枸杞植株的生育特点，叶面肥施用重点在以下两个时期。

营养需求临界期。根据黑果枸杞养分动态研究，黑果枸杞植株对营养需求的临界期在4月下旬至5月上旬。此时的物候表现为两年生枝条（老眼枝）现蕾和抽新枝的高峰期，水分、养分消耗量大，如果不及时供应养分则发枝量少而弱。为促进新枝萌发早、齐、壮，须及时喷洒叶面肥，这样既补充了肥料，又增强了叶片的光合作用。

营养最高效率期。6月上旬是新枝继续生长、现蕾，两年生枝条坐果及幼果膨大期，应及时施用叶面肥，促进新枝生长，控制封顶，防止花果脱落和满足幼果膨大对营养的需求。经试验，此时连续喷洒次叶面肥能将生理落花、落果由30%~35%降到15%~18%。

叶面肥的施用量。针对黑果枸杞生长的两个关键时期，即营养临界期和营养最高效率期，叶面喷肥从5月上旬至7月下旬，每10天左右喷施1次。叶面喷肥是补充黑果枸杞树体微量元素的重要途径，对于幼龄树，一般喷施5~6次，成龄树7~8次。

叶面肥的施用方法。叶面肥的施用方法简单易行，同时用肥量也少，肥效快。叶面肥也可以与农药混合施用，如尿素、磷酸二氢钾等，可节省劳力，降低成本。

黑果枸杞的叶面喷肥选用黑果枸杞专用液肥或微量元素复合液肥，按稀释比例精确配置，然后利用喷雾器均匀喷雾于树膛及冠层叶背面，每亩喷肥液50~70kg。叶面追肥的优点。叶面追肥又叫叶面喷肥，即把肥料按照一定的比例配置成水溶液，利用喷雾器对植物的叶片和茎秆进行喷雾，植株通过茎叶气孔和角质层迅速吸收养分，达到施肥的目的。是土壤供肥不足时的一项辅助措施，目前在黑果枸杞施肥中已普遍应用，其优点有以下几个方面。

①方便施用，养分吸收快。叶肥兑水喷洒比土壤施用方便，喷施0.3%尿素溶液在20~30℃的气温条件下，于树冠喷洒10min后，即可测出氮素已被叶片的气孔吸收，叶肉内已有明显的吸收量；肥料的利用率高，减少肥料的损失。喷洒0.2%磷酸二氢钾水溶液，60min后检测，其钾被有效利用达75%左右，吸收可持续到120min，而将钾肥掺入有机肥施入土壤中的利用率只有35%左右。

②及时补充养分。叶面肥的施用尤其可解决植株微量元素的缺乏症状。

当受到自然灾害和虫害为害时，也可进行叶面喷肥来及时弥补，降低损失。植株在春季营养临界期，由于土壤供肥有限，及时喷洒 0.3%尿素水溶液，可有效地辅助植株生长。

③在夏季的营养最大效率期，喷洒氮、磷、钾复合 0.5%水溶液或 0.2%磷酸二氢钾或 120 倍液的丰产素，可辅助坐果，减轻落花、落果的比率，连续喷肥 2 次，落花落果率由 35%降到 18%。

④在 7 月根系进入夏季休眠后，每天喷洒一次氨基酸复合肥、多元复合肥和稀释美液肥，可促进果实膨大并增强叶片光合效率

⑤秋季气温较低，土壤微生物活动减弱，根系吸收养分少，喷洒生物有机复合肥液，可辅助壮条结秋果和增强树势，为安全越冬打好基础。

5）叶面喷肥要注意以下几点

①肥液稀释要充分、均匀、无沉淀。在稀释三元或多元复合肥时，先用少许温水（40℃左右），将肥料溶解后滤出杂质再按所需比例兑水，经充分搅匀后再喷施。气温较高时，为促进肥液在茎叶的渗透速度，可在肥液中加入 0.1%的洗衣粉或 0.2%的黏着剂，以防止肥液快速挥发。

②叶面喷肥时，要着重喷洒叶背面。电镜解剖显示：黑果枸杞叶正面的气孔密度为 73 个/mm²，叶背面的气孔密度为 123 个/mm²，且叶肉海绵组织的细胞间隙也大于叶正面的。实地检测发现叶背面吸收的速率高于叶正面的约一倍，这是叶背面的气孔密度大所致。

③喷施时间很重要。喷施宜在晴天的上午 10 时前和下午 4 时以后进行，这个时段，气温较低，肥液蒸发慢。而肥液在叶片上滞留的时间越长，叶片吸收得越多。中午气温高，蒸发快，液肥浓缩易灼伤嫩茎叶造成肥害。

④叶面喷肥要避过雨天。喷施肥液后如遇下雨，要待雨后补喷。因为喷洒到茎叶上的肥液还未被完全吸收就被雨水冲刷掉了，起不到喷肥效果。另外，为了节省用工，在进行叶面喷肥时可与防虫喷药同时进行。就是将肥液与药液混合后，一次喷洒于树冠，既补充了肥料，又杀灭了害虫。但是，在混合喷施时，一定要清楚肥、药的性质，注意碱性肥料不能与酸性农药混用，以免产生中和反应，丧失肥效、药效。

⑤环状施肥法。将肥料均匀地施入树干周围，沟穴部位距根茎 20cm 以外，树冠边缘以内，深度 20~30cm。这一土壤空间，根系比较少，同时又接近根系侧根活动层和水平根分布层，使根系的各个方面都能充分吸收养分，而且挖施肥穴可避免伤根。该方法适宜于小面积栽植区的幼龄黑果枸杞园。

⑥月牙形施肥法。在树冠外缘的一侧挖一个月牙形施肥沟施入肥料。沟

长为树冠的一半，沟深为 40cm。开沟部位可以来年交替更新，即第一年施在树冠东侧，第二年施在西侧，使树冠下各个部位的根系都能吸收到养分。该法适宜于成龄黑果枸杞园。

⑦对称沟施肥法。大面积黑果枸杞园施肥时，为了节省劳力，可以在行间距 20~30cm 处用大犁犁开 30~40cm 的深沟，将肥料施入，再封沟即可。在树冠大且矮的黑果枸杞园可采用人工开挖对称穴坑的方法施入肥料。幼龄黑果枸杞的基肥要施得深些，一般为 30~40cm，使根系向土壤深处延伸。

⑧根部追肥及其施用方法。黑果枸杞在生育期间是无限花序植物，为保证生长结实对养分的需要，应在施足基肥的基础上及时适当追肥。追肥主要是施用化肥，化肥的主要肥分为氮、磷、钾。大多数化肥能迅速溶于水中并被土壤吸附，且很容易被根系吸收利用，全部为有效肥。它含量高，施入土壤中发挥效益快，但养分含量单一，即便是复合肥也只含有少数几种营养元素，施入土壤中有效期短，不能持久发挥作用。

根部追肥一般采用穴施或沟施的方法，即在树冠边缘下方的不同部位挖3~4 个穴或在树冠边缘下方用犁犁开约 10cm 深的施肥沟，把氮、磷、钾或复合肥施入，立即封土，防止挥发、损失，切勿撒入地表，这样可提高肥料的利用率，或者将化肥和土混匀，防止直接接触根系而造成肥害。施肥后接着灌水，以水溶肥，使根系早日吸收肥料。磷肥（如过磷酸钙、骨粉等）易同土壤中的铁、钙化合成不溶性的磷化物而被固定在土中，不易被根系吸收。因此，对于磷肥宜在黑果枸杞需肥前及时施入，或者把它掺在有机肥中一同施入，借助有机肥中的有机酸来加大其溶解度，便于根系吸收。

（二）水分管理

水分管理是黑果枸杞栽培管理中的重要方面。黑果枸杞园的灌水情况随树冠大小、园地土质及生长期等情况的变化而变化，一般成龄树比幼龄树的需水量大，沙土比壤土需水量大。夏季是黑果枸杞花果盛期，气温高，需水量和灌水次数要比春、秋季多。黑果枸杞对水分的要求如下。

1. 农业质量标准管理规范要求

根据植物不同生长发育时期的需水规律及气候条件、土壤水分状况，适时、合理地灌溉和排水，保持土壤的良好通气条件。水分在树体的新陈代谢中起着重要的作用，它既是光合作用不可缺少的重要组成物质，也是各种有机物质的溶剂。水是碳水化合物等有机物质的合成原料，根系吸收的养分必须是水溶性的；树体内营养的传导输送也是依靠水的作用；一连串的生物化学反应，必须在水中才能进行；水还可促使树体生长，根深叶茂，花多果大。水分占植物体总重量的 75%~85%。在黑果枸杞成熟的浆果中水分的含量为 78%~82%。

黑果枸杞在年度生育期内有它自身的需水规律，经由春至秋定点观测黑果枸杞园内土壤含水状况及根系吸水情况，发现 4 月中旬以前新根生长、萌芽放叶的需水由土壤提供，此期的土壤含水量为 18%~20%。4 月 20 日以后，黑果枸杞二年生枝开始现花蕾，同时开始抽新梢时，土壤含水量降到 16% 以下，这时急需灌溉补足水分，这个时期可定为需水临界期。进入 5 月，营养生长和生殖生长（发枝、现蕾、开花）也进入了共生期，土壤含水量一直保持在 18% 左右（土壤水分速测仪监测）。黑果枸杞生长对水分的需要量，因发育阶段的不同而不同。黑果枸杞对水分最敏感的阶段是黑果枸杞果熟期，在这个时期，如果水分足，果实就会膨大快，个头大；如果缺水，就会抑制树体和果实的生长发育，使树体生长慢，果实小，严重时加重落花、落果。因此，在黑果枸杞园的管理上，水分的供应要做到科学合理，才能获得优质高产。在宁夏，黑果枸杞生长发育对水分要求的临界期是新枝萌发的 4 月下旬，对水分需求和利用的最大效率期是果熟前期的 6 月中下旬。

2. 黑果枸杞栽培对水的要求

生长季节地下水位在 1.5m 以下，20~40cm 的土壤层含水量为 15.27%~18.10%。地下水位过高，根系分布层水分过高，土壤通气条件差，影响根系的正常呼吸作用。根系生长与呼吸受阻，对地上部分的影响尤为明显。具体表现为：树体生长势弱，叶片发灰、变薄，发枝量少，枝条生长慢，花果少，果实也小。严重时落叶、落花、落果，整园黑果枸杞死亡。因此，在黑果枸杞园的建设上，首先应考虑的因素是园地是否排灌畅通。

黑果枸杞对水质的要求不严，黑果枸杞园用矿化度 1g/L 以下的黄河水灌溉，生长良好。在宁夏同心县干旱荒漠地，用矿化度为 3~6g/L 的苦咸水灌溉黑果枸杞园，黑果枸杞也能正常生长，并获得了较好的产量。

3. 灌水的时间

根据黑果枸杞在年生育期间各个阶段的发育特点，可把黑果枸杞一年的灌水时间分为 3 个时期，即采果前、采果期和采果后。

采果前。4 月下旬至 6 月中旬，是黑果枸杞春枝生长和两年生果枝开花结果的时期，应及时供水。一般 4 月下旬至 5 月上旬灌头水，隔 7 天左右，地略干后灌第二水，以促进新梢生长和开花结实。以后根据土壤墒情，一般隔 12~15 天灌一次水，共灌 3~4 次水。

采果期。6月中旬至8月中旬，是黑果枸杞花果生长发育和成熟时期，同时天气炎热、蒸发量大。这是生产上的主要用水时期，应保证供水。一般每采两次果灌水1次，但水量不宜过大，否则会影响采果（俗称为"过路水"）。此时期共需灌水3～5次。7月上旬的灌水要结合施肥进行。8月上旬夏果末期灌水（俗称为"伏泡水"），有利于秋梢和秋果生长，同时还具有洗盐压碱作用。

采果后。9月上旬至11月上旬，此时夏果已经采完，树体进入秋季生长和秋果生产时期。

9月上旬灌1次水（俗称为"白露水"），以便挖秋园。11月上旬黑果枸杞落叶时，灌一次冬水，既有利于秋果的生长发育，也能保持土壤墒情，对翌年的黑果枸杞生长也有利。

4. 灌水量

黑果枸杞一年需灌水10次左右，不同的灌水时期要有一定的灌水量。冬季，经过数月的风吹日晒，园中的土壤较干旱，所以头水的灌水量要大。灌冬水是在施基肥后的10月下旬或11月上旬进行的，到翌年灌头水要间隔6个月，为防止黑果枸杞园土壤冬季干旱，冬水的灌水量也要大，其他灌水量可较小，以浅灌为宜。4月下旬的头水每亩灌水量为65～70m^3，以后的灌水如"伏泡水""白露水"，每亩灌水量为50～55m^3，冬水每亩灌水70m^3左右。

黑果枸杞在幼龄期要控制灌溉次数和灌溉量（年灌水3～4次，每亩年灌溉量为200m^3左右），以利于根系向土层纵深处生长延伸。根系在土层中延伸得越深，吸收水分的土层范围越大，植株生长势越强且耐旱。6月，高温干旱及时供水，有利于坐果和果实膨大，此期，耗水量也最大，一般每15天灌溉1次，亩灌溉量控制在50m^3左右。进入7月，由于高温，根系进入夏季休眠期，吸水量减少，此期正值鲜果成熟与采收盛期，灌水要与叶面喷肥相结合，补充叶面的水分，制造更多的营养，满足果实膨大的需要。

5. 灌水方法

水源充足的地方多采用全园灌溉。为了节水，一般黑果枸杞园多采用畦灌、沟灌的方法，有条件的可采用喷灌和滴灌新技术，水分利用率可由常规的60%提高到80%以上。宁夏黑果枸杞老产区，在炎热的夏季采果后，除进行土壤灌水外，还要向树冠泼水，一是可以增加树冠表面的水分，二是可洗掉叶片上的部分害虫，有利于果实生长。

6. 黑果枸杞园灌水的注意事项

避免田块内积水时间过长。田块灌满水后，12h 自然落干，不可积水。因为水和空气都处在土壤的总孔隙中，一定的土壤范围内，水分多了空气就相对少了，地表积水过多，持续时间又长，就会造成土壤缺氧，使根系处于无氧呼吸状态。由于呼吸受阻，根系无法吸收土壤中的养分，严重时便会出现沤根现象，造成先落叶后死株。

土壤水分不宜过大。土壤水分过大，好氧性微生物的数量和活动能力会受到抑制，而嫌气性微生物的数量却会增加，活动能力增强。同时，水分过大，土壤中还会产生有毒物质，造成养分损失。土壤中水分含量合适时，有利于土壤气体的交换，能为根系的有氧呼吸创造条件。所以，正确地控制灌溉量，并通过耕作来调节水、气、肥、热等因素之间的矛盾，方能保证根系生活在良好的土壤环境中。

灌水要和排水相结合。特别是重壤土、白僵土，透水性能差，如有积水不及时排出，易造成植株烂根。同时灌水要在夜间进行，夜间气温较低，水温也低，可调节土温，但灌水量要小些，以田间植株根茎处灌到水为准，以免影响活土层的透气性。

黑果枸杞的水分管理顺口溜：头水大，二水猛，三水看叶片，四、五跟果情，7 月过路水，8 月盐碱冲，9 月抢白露，冬灌结冰凌。

三、树体管理及修剪

黑果枸杞是丛生灌木，枝条细长而柔软，若任其自然生长，枝条多匍匐密生，紊乱郁蔽，影响通风透光，降低光合效率，容易遭受病虫危害，同时还可造成生长与结果不平衡，枝条徒长，落花落果等现象，降低黑果枸杞的产量和质量。所以，通常采用整形修剪的方法使黑果枸杞植株充分利用空间和光能，满足枝条生长与结果的平衡，保证树体健壮和产量（耿生莲，2011）。

整形是指在黑果枸杞生长期内，通过人为控制，使其形成具有一定形状和样式的树体结构。而修剪则是在土、肥、水管理的基础上，根据各地的自然条件及该品种在当地的生长习性和生长要求，对树体内的养分分配及枝条的生长势进行合理调整的一种剪截措施。

正确的整形修剪方法是将黑果枸杞植株改造培养成稳固的小乔木树形，使黑果枸杞树体的各级枝条分布合理。这样，便可改善树体的通风透光条件，提高光合效能，加强同化作用，增强植株抵抗自然灾害的能力，减少病虫为害；同时能合理调节养分和水分运转，减少养分的无益消耗，增加树体各部分的生理活性，促使黑果枸杞植株早结果并获得高产、稳产、优质，便于管理，提高效益，降低成本。在黑果枸杞植株幼龄期，是以整枝造型为主，同时进行不同种类枝条的剪截和选留；在目标树形基本形成进入大量结果期以后（成龄期），则以修剪为主（主要是剪老留新，截枝促发），同时进行对树冠层总枝量的调整、补充和疏剪。

（一）黑果枸杞主要树形

为了达到改善树体的通透性，使树姿丰满完整，提高结果面，实现早产、丰产和稳产的目的，经过人们的不断实践，创造出一把伞、三层楼、自然半圆形等多种树形。

1. 自然半圆形

根据黑果枸杞自然生长的特点，经过第 1 年定干剪顶，第 2 年、第 3 年培养基层，第 4 年放顶成形的修剪，将黑果枸杞植株培养成低干、矮冠、结构紧凑的半圆形树型，株高 1.5m，树体下层直径 1.6m，上层冠幅 1.3m，上小下大，各结果层次互不遮光；有 6~7 个主枝分两层着生在主干上，层间距 20cm；第 1 层 2~3 个主枝，第 2 层 3 个主枝，上下主枝着生方向依次错开不重叠，各主枝上着生 3~4 个侧枝，与主枝成 30°~45°夹角，主侧枝强壮，骨架稳定，单株结果枝 200 条左右。

2. 三层楼

经过人工逐年分层修剪而成，树形高大，成形后树高 1.8m，树冠直径 1.7m，有 10~12 个主枝分 3 层着生在主干上，树形美观，层次分明，立体结构好，结果枝条多，单株产量高，群众有"要看景致三层楼，花开四门枝枝稠"的说法。这种树型适宜于稀植，树体郁闭度较高，整形修剪烦琐，技术要求较高，如果更新修剪技术不到位，容易造成上强下弱。

3. 一把伞

具有独立的主干，干高 1.5~1.6m，冠幅 1.3m。顶部保留较发达的主侧枝，主干中下部没有主侧枝，结果枝条全部集中在树冠上部，弧垂向下生长，形似雨伞，故名一把伞。这种树形容易培养，修剪便捷，但结果枝条数量偏少，单株产量较低。该树形主侧枝易在外力作用下折断，形成空缺，群众有顺口溜说：一把伞摘不多，掰掉一枝一个大豁豁。适于密植，通过密植可提高单位面积产量。

（二）黑果枸杞整形修剪的内容

1. 培养主干

选择生长直立粗壮的一枝徒长枝作为树形的主干，将其余枝条剪除，防止形成多干。

2. 选留树冠

按照确定的树形，对主干上侧生的枝条有目的地逐年选留，作为树冠的骨干枝。

3. 更新果枝

骨干枝的侧枝上萌发二次枝结果，但结果枝的结果能力是随枝龄的延长而减退的。所以，每年都要将枝龄长的结果枝剪除，留好一、二年生的结果枝。

4. 均衡树势

依据树体的生长势，通过修剪对冠层的枝干进行合理布局，以修剪量来调节生长与结果的关系。其中对徒长枝的控制尤为重要，徒长枝生长量大，消耗营养最多，又不结果，及时剪除，能减少无益的养分消耗，相对增加了营养积累，俗话说"剪口底下三分肥"就是这个道理。

（三）黑果枸杞整形修剪的原则

受品种、树龄、立地条件等的影响，树体的大小、枝条着生部位以及长短各不相同，因此在培养树形的过程中，切勿一味地追求某种固定树形，要因枝修剪，随树造型，本着培养巩固充实树形、早产、丰产、稳产的原则，按照"打横不打顺，清膛抽串条，密处行疏剪，稀处留油条，短截着地枝，旧梢换新梢"的方法，完成冠层结果枝的更新，控制冠顶优势，调整生长与结果的关系。

（四）黑果枸杞整形修剪的依据

1. 自然条件和栽培条件

黑果枸杞是在一定的自然条件中生长和结果的。自然环境条件不同，其生长势强弱各异，因此要采用不同的整形方式和修剪方法。如沙荒地，地力贫瘠，黑果枸杞生长势较弱，宜选择小型树冠，修剪程度应稍重；地势平坦、土壤肥沃的黑果枸杞园，枝条生长势旺盛，宜选择大冠树形，层间距离相对宜大，修剪不可过重。

2. 枝条的生长结果习性

不同品种，其萌芽、成枝能力各不相同，因此在整形修剪过程中应有所区别。如'宁杞3号'，枝条生长量较大，萌枝力强，宜轻剪少截多甩放。另外，不同类型的枝条其生长势和结果性状也各不相同，应作不同的处理：如着生在植株主干、根茎、主枝上的直立向上的徒长枝本枝不结果，只作为选留主干、主枝或补形之用，一般在修剪中是剪除对象；着生在树冠中、下部的侧枝上弧垂或斜垂的结果枝是形成树冠和产果量的主要枝条，应多保留；着生在树冠中、上部的粗侧枝上，斜生、平展或直立的中间枝在整形修剪时于枝长的2/3或1/2处短截，当年可萌发结果枝，一般作为增加结果枝或结果枝更新时留用；针刺枝虽然能结果，因长有针刺，给修剪和采果带来不便，在修剪时多被剪除。

3. 树龄和树势

幼龄树营养生长旺盛，修剪要轻，应以培养树形为主，适量结果；成龄树主要是以均衡树体各部分的养分，平衡树势为主，轻重结合；衰老树、病弱树，枝条少，为恢复树势，可进行必要的重短截，促发新枝。

（五）黑果枸杞整形修剪的时期

一年当中，可随时开展整形修剪工作。根据季节的不同和生长发育的需要，各阶段的整形修剪工作重点有所不同：2—3月植株进入冬季休眠期，主要以整形和调整冠层结果枝为主；4月春季萌芽后，要及时进行抹芽、剪干枝；夏季5—7月主要是剪除徒长枝、短截中间枝、摘心二次枝、调整生长与结果关系，以利通风透光，促发秋梢结秋果；秋季9—10月，剪除徒长枝，减少养分消耗，防止冬季枝条抽干。

（六）黑果枸杞整形修剪的顺序

在宁夏黑果枸杞的传统栽培区，流传着"根据树形定框子，首先剪掉老枝、干枝；围着树冠转圈子，剪除油条横穿枝；去掉老枝换新枝，留下顺条结果子；上小下大有层次，树形稳固有样子"的修剪顺口溜。为了便于修剪，科研人员总结了"剪顶、清膛、截底、修围"4个步骤。

1. 剪 顶

本着"去高补空，剪强留弱"的原则，对树冠上部着生的徒长枝、中间枝进行剪除，控制顶部旺长。同时为了防止树冠顶部光秃，形成"鳖晒盖"，应选留树冠中央的中间枝或徒长枝，在距基部10~15cm处短截，促发侧枝，补充冠顶。

2. 清 膛

清除膛内的横穿枝、弱枝、病枝、枯枝和老枝。

3. 截　底

为方便园地土壤管理，不使下垂枝的果子霉烂，对树冠下层的着地枝距地面 30cm 处进行交互短截。

4. 修　围

就是修剪树冠结果枝层，选留好的结果枝条。在修剪过程中，一要围绕树冠按照一定的方向，从里到外，从上到下，彻底清除老弱枝、病虫枝、直立枝、针刺枝；二要按照"去旧留新，去弱留壮"的原则，对结果枝交互短截；三要对于缺空位置，选留徒长枝或中间枝进行短截，促发新枝。

（七）黑果枸杞整形修剪的方法

通常采取剪、截、留、扭梢、摘心、抹芽等措施实现整形修剪工作。

1. 剪

剪除植株根茎、主干、主枝、膛内、冠顶着生的无用徒长枝、针刺枝、冠层病枝、虫枝、残枝，结果枝组上过密的细弱枝、树冠下层 3 年生（包括 3 年生）以上的老结果枝（特征是枝条上的芽眼明显凸起，枝条皮色呈灰褐色）和树膛内 3 年生以上的老短果枝（特征同老结果枝），减少树体养分的无益消耗。

2. 截

交错短截树冠中、上层分布的中间枝和强壮结果枝，对上层的中间枝从该枝条的 1/2 处短截，强壮结果枝从该枝条的 1/3 处短截，冠层、树膛内横穿、斜生的枝条从不影响树形和旁边枝条生长处短截。

3. 留

按照"去旧留新，下层去弱留强，上层去强留弱"的原则，选留冠层结果枝组上着生的分布均匀的一年生至二年生的健壮结果枝，从而达到调整生长、结果平衡的目的。

4. 扭　梢

在生长期内对树冠上旺盛生长的直立或斜生的枝条从基部 5~6cm 处轻轻扭转 伤裂木质部和韧皮部，改变枝条的生长方向，抑制枝条强势生长，利于成花结果。

5. 摘　心

生长季节摘取新梢的顶部，促发二次枝结果。

6. 抹　芽

生长季节剪除或抹去主干部位萌发的新芽，防止枝条徒长，消耗养分。

（八）幼龄期黑果枸杞的整形修剪

对幼龄期的黑果枸杞植株（1~4年）主要是培育树形，根据黑果枸杞株体自然生长的特点，培育具有明显支撑能力的主干、主枝，呈小乔木状的树冠，最方便管理。此处以自然半圆形树形为例进行介绍。该树形基本结构为：单主干、双主枝、树冠两层半。培养年限和方法为：第1年定干剪顶，第2年、第3年培育冠层，第4年放顶成形。

1. 定干剪顶

苗木栽植成活后的第1年，于苗高60cm处剪顶（苗木基茎粗0.5~1.0cm），剪口下10~15cm范围内，选留3~4个生长于不同方向的健壮枝，于15~20cm处短截促发侧枝。如果定植的苗木没有分生侧枝，待萌发侧枝后以同样方法选留。同时将苗木基茎向上40cm（主干至分枝带）处所萌发的侧枝剪除。在当年的生育期内，分生侧枝经短截所抽生的二次枝即为结果枝。经过多次短截后，当年即可形成10~15条结果枝条。

2. 培育冠层

第1年选留的侧枝经一年的生长到第2年发育为主枝（树冠的骨架），同时在主枝上萌发较多的侧枝。第2年整形修剪时，注意在主枝上选留生长于枝基中部的着生于不同方向的徒长枝或直立中间枝2~3条，每枝间距10cm左右，于枝长20~30cm处短截。促其分生侧枝扩大树冠，将其余徒长枝剪除。进入生长期后，对徒长枝的分生侧枝要及时于枝长20cm处摘心，促发中间枝，中间枝所分生的侧枝即为结果枝。依次在主枝分生的侧枝上培育结果枝组，及时剪除植株基茎、主干和主枝上萌发的无用徒长枝。第三年仿照上年的方法，只选留和短截中间枝促发结果枝，着重在侧枝上培育结果枝组，充实树冠。此期株高1.2m左右，两层冠幅1.3m左右，单株结果枝100~120条，单株产干果500g左右，较为稳固的基层树冠已初步形成。

3. 放顶成形

第四年，在两层树冠的基础上，整形修剪时选留生长于树冠中部的直立中间枝2条，呈对称状，枝距10~15cm，于高出冠面30cm处短截，进入生长期，由短截的剪口下分生结果枝，形成上层树冠。对树冠下层的结果枝组要剪弱枝、留壮枝，剪老枝、留新枝；对冠顶部要剪壮枝、留弱枝，控制好顶端优势；对中上部冠层所萌发的中间枝应交错短截，以促发新枝，增加新的结果枝组，调节生长与结果的关系（有目的地控制徒长和促进结果枝的发育）。成形标准达到：株高1.50m左右，上层树冠1.3m左右，下层树冠

1.6m 左右，单株结果枝 200 条左右，年产干果 600~1 000g。株体骨架稳定，树冠充实分层，四年培育成形。

（九）成龄期黑果枸杞的修剪与补形

黑果枸杞植株经人工整形，进入成龄期后，修剪的主要任务是充实树冠，增加结果枝量，提高产量。首先是整理树冠，对结果枝组的枝条不断地剪弱留壮、剪老留新；其次是去高补空，控制冠顶的徒长优势，就是定期剪除植株根茎、主干、主枝和冠顶所萌发的徒长枝，同时在树冠的空缺处（自然生长的偏冠或机械损伤后造成的空缺），利用生长势较弱的徒长枝或强壮中间枝短截补形，以充实树冠。休眠期（2—3 月）的整形修剪采用对冠层总枝量进行剪、截、留各 1/3 的量化修剪方法；在夏季（5—6 月）采用剪除徒长枝、短截中间枝、留好结果枝的修剪方法；秋季修剪（10 月）主要是剪除徒长枝，以减少树体的无益消耗，所留冠层枝条不被冬季的严寒与干旱抽干，保证安全越冬。

1. 春季修剪

于植株萌芽后展叶至新梢开始生长的 4 月中下旬修剪。主要任务：一是剪干枝，就是剪去冠层枝条被冬季风干的枝梢，避免枝条遇风摇摆互相摩擦而碰伤嫩芽、嫩枝。二是抹芽，就是沿树冠自下而上将植株的根茎、主干、膛内、冠顶（需偏冠补正的萌芽、枝条除外）所萌发和抽生的新芽、嫩枝抹掉或剪除。

2. 夏季修剪

于 5—6 月的营养生长与生殖生长共生期进行。此期，株体的所有器官（芽、叶、枝、蕾、花、果等）均在生长发育，吸收营养的同时相互竞争，但新梢的生长尤其是徒长枝的生长占绝对优势。所以，夏季修剪的主要任务是及时剪除徒长枝，短截中间枝，摘心二次枝。修剪方法为：沿树冠自下而上，由里向外，剪除植株根茎、主干、膛内、冠顶处萌发的徒长枝，每 15 天修剪一次；对树冠上层萌发的中间枝，直立强壮枝隔留，并于 20cm 处打顶或短截，中间枝的生长势强于结果枝而弱于徒长枝，月中下旬对中间枝于枝长 1/2 处短截后，剪口下的枝上可抽生大量结果枝并能形成结果枝组，从而增加结果面积。对树冠中层萌发的斜生或平展生长的中间枝于枝长 25cm 处短截；6 月中旬以后，对所短截枝条萌发的二次枝有斜生者于 20cm 处摘心，促发分枝结秋果。

通过对五年生黑果枸杞植株剪除与不剪除徒长枝进行萌发结果枝和产果

量的比较试验，结果表明：及时剪去徒长枝条，平均每株可发结果枝 102 条，株产鲜果 5.4kg；而未修剪的 10 株树，平均每株抽生徒长枝 14 条，发结果枝 56 条，株产鲜果 3.4kg。剪除徒长枝的单株结果枝增加 46 条，产果量增加 58.82%。由此可见，夏季修剪剪除徒长枝对产果量影响很大。同一处理试验，5 月 20 日短截的中间枝，6 月 15 日调查：短截后所留下的 15~20cm 长的中间枝段，平均萌发结果枝 5 条，平均每株树比对照树多发结果枝 27 条，产果量增加 46%，同时延长了采果期，部分地缓解了 7 月产果高峰由于果期集中而带来的劳动力紧张等诸多问题。

3. 秋季修剪

于 10 月上旬进行，主要是剪除秋季（8—9 月）植株冠层着生的徒长枝，以减少营养消耗。

4. 休眠期修剪

于翌年 2 月至 3 月上旬进行，主要是整理树冠和结果枝的去旧留新。

在实施剪、截、留各 1/3 的量化修剪技术时，按照"根茎剪除徒长枝，冠顶剪强留弱枝，中层短截中间枝，下层留顺结果枝，枝组去弱留壮枝，冠下短截着地枝"的顺序修剪。单株结果枝选留 120~150 条为宜。修剪后的树冠做到：树冠紧凑稳固，冠层通风透光，枝条多而不密，内外结果正常。

5. 补形修剪

成形的黑果枸杞植株在田间管理中由于机械损伤、病虫为害或自然灾害（冰雹等）等原因，造成树冠部分受损后出现空缺或树冠歪斜，结果面积减少，产量降低，需通过补形修剪来弥补。补形修剪，主要是通过对徒长枝和中间枝的利用，促使萌发侧枝，以补充冠层的空缺部分。

6. 树冠放顶

黑果枸杞树形除主干外，基本上是由基层树冠和顶层树冠组成。成龄植株由于年年剪去顶部徒长枝而容易形成秃顶，要在夏季修剪时注意选留顶部中央所萌发的中间枝于 20~30cm 处打顶，促发二次枝补充冠顶。

7. 冠层补空

在田间管理时，由于耕作不小心将树冠的主枝或侧枝折损，形成冠层空缺，在修剪时，注意将空缺处的主干或主枝上萌发的弱徒长枝或强壮斜生的中间枝于 1/2 处短截，10 天左右，剪口下即可萌发新侧枝补充冠层的空缺。

8. 偏冠补正

由于自然灾害（冰雹或强沙尘暴）造成树冠歪斜又不易扶正的偏冠，需要在偏缺树冠的一侧，选择着生于主干或主枝上的徒长枝于 30~40cm 处打顶，促发二次枝补充偏缺部分的树冠。

9. 整株更新

有个别或少数黑果枸杞植株的主枝被折损，不能在原枝干上补形而形成树冠，但主干基茎和根系仍然完好，且树龄在壮龄期内，生命力仍很旺盛，可在植株基部选留生长强壮的徒长枝，重新培养一株小树，并将选留徒长枝着生处以外的原植株残留部分剪除，进行全株更新。由于该植株的根系完好，所留小苗生长量大，比另外补植小苗成形快，进入产果期也早。经调查，利用原株根系培育小树，当年形成小树冠，秋季可结果，在生产上有实用价值。

四、黑果枸杞规范化栽培关键技术

根据枸杞种植中存在的实际问题，解决问题的技术关键在于产出的枸杞产品要达到"优质、高产、无公害和降低成本"的要求。

（一）优 质

实现枸杞的优质生产，首先要选用优良品种。

（二）高 产

种植枸杞的目的在于获得较高的产果量。部分品种在不同地区产量不一样究其原因，有以下几点：株树势强弱差异大。生产操作者还未熟练地掌握田间管理技术、节水灌溉技术修剪技术、配方施肥技术和无害化的病虫防治技术。新技术推广与技术培训还未完全到位。配套的虫情测报设备和测土仪器等测报网还未完善的建立起来。对此，经过调研，展开了对影响枸杞高产的关键因子进行了试验与示范，探索出了一套可操作性强的枸杞高产实用技术。枸杞栽培技术有供肥、修剪、病虫害防治等3项。

1. 供 肥

在枸杞年度生育期内结合枸杞生育的需肥临界期和最大效率期，按照氮、磷、钾 1：0.64：0.41 的比例进行土壤培肥，同时在5—8月每7~10天喷1次叶面肥。

2. 修 剪

按照剪（徒长枝）、截（中间枝）、留（结果枝）各1/3的修剪法，在5月上中旬重点进行对中间枝的短截，以增在加结果枝量。

3. 病虫害防治

注重虫情测报，选择最佳防治期，以农业防治结合化学防治，依据防治指标，讲究防治方法，将危害率降到 20% 以下。

（三）无公害

1. 基本要求

无公害食品生产的基本要求包括环境标准、生产过程标准、产品标准和包装标识标准。

环境标准：指土壤、灌溉水和空气达到相对清洁的程度。

生产过程标准：从种苗到产品收获的全过程，重点是肥料和农药的使用。在枸杞生产中，核心问题是病虫害的防治，而关键控制点是农药的规范、合理使用。

产品标准：关键是感官指标和卫生指标，主要检测项目是农药残留、硝酸盐、重金属和病原微生物。这些污染物的来源是生产过程中不良或错误的操作造成的。因此，控制生产过程环节，是保证产品质量的关键。

包装和标识标准：为正确引导消费者和宣传产品而规定的。

2. 无公害枸杞生产的关键技术

在无公害生产的过程中，关键技术是病虫害防治技术。因此，生产过程中的一切配套措施和园艺措施，都应该以保护生态环境，抑制病虫害种群数量，减少化学农药使用次数和数量为前提。

（1）枸杞病虫害现状

目前，枸杞生产中所发现的虫害有 38 种，病害 3 种。在生产中发生频率最高、造成为害最大的有枸杞蚜虫、枸杞木虱、枸杞瘿螨、枸杞锈螨、枸杞红瘿蚊、枸杞负泥虫和枸杞黑果病。

（2）枸杞生产中农药使用准则

枸杞生产应从枸杞与病虫草等整个生态系统出发，综合运用各种防治与调控措施，创造不利于病虫草害发生和有利于各类天敌繁衍的环境条件，保持农业生态系统的平衡和生物多样化，减少病虫草害所造成的损失。优先采用农业措施、生物防治等措施防治病虫害。

（3）特殊情况下，必须使用农药时，应遵循以下准则

第一，允许使用矿物源农药中的硫制剂、铜制剂。

第二，允许使用植物源农药，如苦参碱、百草 1 号和田卫士等。

第三，如生产上实属必需，允许有限度地使用部分有机合成化学农药，必须遵守国家有关部门制定的农药使用标准，可参考农业农村部发布的《绿色食品农药使用准则》（NY/T 393—2020）。

（四）降低成本

目前枸杞生产成本每千克在 8 元以上，每亩成本在 1 600 元以上，投入与产出不成比例，农民实际收入每千克只有 4~6 元。成本高一直是制约枸杞生产积极性的关键因素。

1. 肥料投入

对枸杞的肥料供应，要增强科学性，减少盲目性，必须从了解枸杞植株生育期内的需肥规律入手。枸杞植株的年度生育期从 4 月初到月 10 下旬长达 7 个月，其中生殖生长从 4 月下旬老眼枝现蕾到 10 月下旬秋果结束，也有 6 个月的时间，要保证植株在生育期内春季新梢发得起（萌芽、抽梢早、齐、壮），夏季坐果稳得住（花果脱落率低、坐果率高且匀），秋季壮条不早衰（秋梢发枝旺、不提前落叶）的均衡生产，人为地对枸杞植株的土壤施肥不但供应量大，而且供给的周期也长。什么时间施肥，施什么肥料，每株施用多少量，采用什么方法施肥？首先要通过研究试验，掌握它的需肥规律。经过 3 年对枸杞根系养分动态（根箱每 5 天观测 1 次，并取根样分析）和对叶片的营养诊断（每 10 天取样分析）得出的结论：枸杞根系的根尖部位于 3 月 20 日左右开始活动，其间的土壤温度（有效土层 10 ~ 30cm）为 7.1℃，4 月 15 日左右，新根生长速度加快，每天生长量达 1.5cm。经在土内注射液肥试验，新根的日生长量可达 2cm。5 月 15 日左右，新根生长量达最大值，日生长量在 2.5~3cm；1 个 5cm 长的根段萌发新根平均 3.5 条，新根的生长一直延续到 6 月 29 日至 7 月 1 日。叶片营养诊断的结果为：氮素为 5 月、6 月含量最高（指数为 5），磷素为 5 月、6 月、7 月含量均衡（指数为 4），钾素 4 月中旬至 9 月中旬含量均衡偏低（指数为 3）。从以上观测到的试验数据分析，可以看出，4 月中旬追施氮肥，可及时供给新根的加速生长，5 月中旬及 6 月中旬施氮、磷、钾复合肥可促进新枝生长和开花坐果，此期可定为需肥最大量和最高效率期。因此，可总结为：春施催梢肥，夏追保果肥，秋补壮条肥。

土壤施肥的部位，可依据吸收营养的根尖部位生长延伸在哪个范围来确定。从根箱观测到枸杞根系的根尖部位往往在树冠的外缘边际，所以要在树冠外缘开沟施肥。在施用化肥时，切记不要地面撒施或顺水流撒施。1995—1996 年，曾对不同施用方法对化肥的利用率进行了试验，经原子示踪监测显示：地面撒施尿素，经灌水后 3 天，被根系吸收的利用率为 11.9%；开沟施入尿素，经灌水 3 天后，被根系吸收的利用率为 44%，利用率翻两番。其余部分为自然挥发，顺水流失或被土壤吸附。所以，强调不但基肥要开沟深施，施基肥的深度依根系密集分布于 30~40cm 土层的深度来确定，化肥也要开浅沟 15cm 左右深施入。

对枸杞植株的施肥，要遵循"以基肥为主（营养成分含量全），化肥为辅"（元素较单一）外加叶面喷液肥（增加微量元素）的原则，才能较好地防止缺素症。有条件的地方，可进行测土配方施肥，效果更好。按照枸杞需肥比例（氮、磷、钾的比例为 1：0.64：0.41）在秋季施入基肥的基础上，春季的 4 月中旬（新梢生长期）是需肥的临界期，施入以氮为主的复合专用肥，在 6 月中旬（坐果盛期）枸杞需肥的最大效率期，应加量施入以磷、钾为主的复合专用肥。从 5 月初至 8 月初，每 7~10 天叶面喷肥 1 次。

另外，我们对四年生枸杞单株进行了肥料、农药和其他投入与产果量关系的测算，秋季施入羊粪 10kg，豆饼 1kg，春夏季施入尿素和复合肥 1kg，夏季共采鲜果 6.1kg，烘干果 1.3kg，按每 14 元/kg 售价，产值为 18.20 元，肥料款 2.10 元，喷药喷肥 1 元，水费、劳务费等 1 元，采果费 5 元，每株枸杞可盈利 9.22 元，投入产出比为 1：2。

2. 农药投入

农业防治与化学防治相结合。土壤浅耕、清理枸杞园及沟、渠、路边的杂草统一烧毁。土壤农药封闭与灌水相结合，杀灭出蛰害虫。化学防治主要是选择最佳防治期和讲究喷药的方法。将全年喷药次数由 16 次降到 8 次，每亩施药成本由 146 元降到 78 元。

五、病虫害管理技术

黑果枸杞植株因茎叶繁茂、果汁甘甜而成为多科虫害的寄主，且这些虫害多为黑果枸杞特有，对黑果枸杞的为害很大。黑果枸杞发生病虫害后若不及时防治，常造成黑果枸杞严重减产，甚至绝收。人们称黑果枸杞生产为"虫口夺果"，由此可见，黑果枸杞病虫害防治工作在黑果枸杞生产中占有极其重要的地位。在黑果枸杞的病虫害防治中，要坚持贯彻保护环境、维持生态平衡的环保方针和"预防为主、综合防治"的原则，做好病虫害的预测预报和药效试验，提高防治效果，将病虫害对黑果枸杞的危害降低到最低程度。

（一）黑果枸杞生产中的病虫害防治准则

黑果枸杞原产于柴达木盆地中自然条件严酷的戈壁盐碱地带，抗病害能力很强，很少有病虫危害。初步掌握在生长中发生频率高，造成危害最大的有三病、四虫。常见的病害是黑果枸杞黑果病、黑果枸杞白粉病、煤烟病、根腐病；常见的虫害有蚜虫、黑果枸杞负泥虫、瘿螨、红瘿蚊等，影响黑果枸杞的生长和质量，严重时丧失其使用价值。

黑果枸杞生产应从整个生态系统出发，综合运用各种防治与调控措施，创造不利于病虫害滋生和有利于天敌繁衍的环境条件，保持农业生态系统的平衡和生物多样性，减少病虫害造成的损失。在病虫害防治中要遵守以下准则。

1. 优先采用农业及生物防治等措施

黑果枸杞的病虫害主要是虫害，虫害的发生蔓延、滋长为害必须具备 3 个条件，即虫源、气候和寄主。也就是说，为害黑果枸杞植株的某种害虫，在适宜它繁殖的气候条件下，便会蚕食寄主某一器官或吮吸这一器官的营养汁液加速繁殖而大发生，直接影响到植株的营养生长。

农业防治法就是通过加强栽培管理、中耕除草、清洁田园等一系列措施，在增强树势的前提下起到防治病虫的作用。每年春季在黑果枸杞树体萌动前，统一清园，将树冠下部修剪下来的残、枯、病、虫枝条连同沟渠路边的枯枝落叶一起及时清除销毁，消灭病虫源。4—5 月中旬以前不铲园，营造有利于天敌繁衍的环境；夏季结合整形修剪以及铲园去除徒长枝和根蘖苗，防止瘿螨、锈螨的滋生和扩散。通过采取上述农业防治措施，可有效地将越冬害虫虫口率降低 30%以上。

2. 建立科学的预测预报

田间病虫害的预测预报对病虫害的防治至关重要，要根据预报决定防治对策。在生产中，我们常采用直接取样调查方法，通过对采集数据进行有效分析，预先了解掌握黑果枸杞病虫害发生的可能性，发生的轻重程度，从而提出并实施病虫害防治的最佳方案，做到"治小、治了"。

建立在病虫测报基础上以药剂防治为主的，其目的是为林农提供一些直接的防治手段，但在病虫害防治中，应采取各种不利于害虫发生的各项措施，结合灌水、施肥，从环境、营养等方面改变害虫发生和繁衍的条件，保护天敌，达到无公害食品的要求，创造良好的经济、生态和社会效益。

3. 病虫害防治方法

（1）农业防治

适时修剪，剪除病虫枝条。蚜虫、瘿螨等在枝条的缝隙、腋芽等处越冬，每年休眠期修剪后及时清理销毁修剪下来的枝条、田间枯枝落叶、病果和杂草，对减少越冬代病虫菌卵有较好的作用。土壤深翻、晾晒。木虱、红瘿蚊、负泥虫等在树冠下面 3~5cm 的土层内越冬，通过秋冬季土壤深翻晾晒杀除虫卵，有效减少虫口基数。

（2）物理防治

利用灯光诱杀、色板诱杀或糖醋诱杀。利用负泥虫成虫的趋光性，夜晚悬挂高压汞灯，进行成虫诱杀。覆盖地膜。每年 4 月上旬，在清除田间杂草的基础上覆盖地膜，一可阻止幼虫羽化出土，二可升高土壤温度，杀死越冬代的红瘿蚊。草本植物的使用。4 月上中旬在田间可铺洒一层苦豆粉或骆驼蓬粉，既可以提高土壤肥力，又可以减少虫口基数。

（3）生物防治

植物源农药防治。植物源农药杀虫的有效成分为天然物质，自然界中很容易降解，不污染环境，被称为绿色农药。因为其活性成分复杂，能够作用于害虫、螨类、病菌的多个器官，因而不容易产生抗药性，而且残留量微乎其微，植物源农药浸提制取的方法简单无须专门的设备，只要操作方法得当，很容易制取植物源药剂液体用于病虫害防治。常用的植物源农药有苦参碱、除虫菊、藜芦碱、鱼藤酮等。苦参碱杀虫机理是阻断虫体神经节，抑制神经传导，凝固虫体蛋白，抑制呼吸，导致虫体死亡。可以采用 1% 苦参碱可溶性液剂 500~800 倍喷雾防治。在生产中我们也选择总结了一些植物源药剂，利用生姜、大蒜、尖椒、苦豆子等这些具有刺激性的植物的本性，经过加工合成能有效杀死蚜虫、木虱、瘿螨和病菌等。主要有草木灰制剂、辣椒制剂、蓖麻制剂、臭椿叶制剂、葱蒜制剂等。

矿物源农药防治。矿物源农药具有灭菌、杀虫和保护植物的作用，主要体现在保护作用方面，对植物安全，无残留，不污染环境，病虫不产生抗药性。常用的矿物源农药有石硫合剂、硫悬浮剂、波尔多液等。在 3 月底及 10 月中下旬选用石硫合剂进行全园喷雾防治，可有效防治准备出蛰或入蛰的各类瘿螨和锈螨，减少螨类虫口密度，杀灭侵染菌类，预防由于病菌引发的黑果病的发生。生长期用 50% 硫悬浮剂 200~300 倍树体喷雾，可有效防治螨类的发生，同时对预防白粉病、黑果病有明显效果。波尔多液是一种具有保护性、广谱性的杀菌剂，用 100 倍树体喷雾，能有效防治黑果病。

（4）化学防治

育苗前可结合整地喷施敌克松预防；在开花结果前喷洒退菌特、多菌灵和波尔多液为主，开花结果后喷洒代森锌，或多种药剂交替使用。在春季和雨季可打多菌灵或者代森锰锌等抗菌类药物预防。常见病害有黑果枸杞白粉病、煤烟病，虫害有蚜虫、黑果枸杞负泥虫等。严重发生时，可选用高效、低毒、低残留的生物药剂如阿维菌素、代森锌、波尔多液进行喷雾或熏蒸防治。

（二）黑果枸杞的主要虫害及其防治方法

每当黑果枸杞发生蚜虫、枸负泥虫、黑果枸杞瘿螨、黑果枸杞红瘿蚊等虫害时，可用50%马拉硫磷乳油1 000~2 000倍液喷雾，每10天1次，连续3~4次。如果发生蚜虫、土虱等虫害，可用3%啶虫脒制剂1 500~2 000倍液，或多菌灵1 000~1 500倍液喷雾防治。发生白粉病、煤烟病、黑果病时，喷洒汗硫农药，可在发病初期每隔10~15天的喷1%石灰3倍式波尔多液或50%多菌灵1 000倍液等药剂喷雾防治。根腐病病原菌为镰刀菌，发生根腐病时，初期可用50%的多菌灵1 000~1 500倍液或1%~3%硫酸亚铁灌根防治，也可在病株根茎部覆盖草木灰，严重时及时拔去死株。

黑果枸杞出现的地老虎、黑果枸杞木虱和黑果枸杞负泥虫3种病虫害，地老虎可用溴氰菊酯兑水40kg/亩防治，日落后全园喷洒，效果明显。黑果枸杞木虱以成虫越冬，隐藏在寄主附近的土块下、墙缝里、落叶中以及树干和树上残留的枯叶内。故可在冬季成虫越冬后清理树下的枯枝落叶及杂草，清洁田园，全园喷洒石硫合剂，可有效降低越冬成虫数量，早春即发芽前全园喷洒石硫合剂，生长期（5月中旬）树体喷施菊酯类农药进行化学防治，可有效阻止其早春上树产卵。负泥虫是我国西北干旱和半干旱地区黑果枸杞主要种植区为害黑果枸杞的食叶性害虫。该虫为暴食性食叶害虫，食性单一，主要为害黑果枸杞的叶子，成虫、幼虫均嚼食叶片，幼虫为害比成虫严重，以3龄以上幼虫为害严重。幼虫食叶造成叶片不规则缺刻或孔洞，严重时全部吃光，仅剩主脉，并在被害枝叶上到处排泄粪便，早春越冬代成虫大量聚集在嫩芽上危害，致使黑果枸杞不能正常抽枝发叶。防治负泥虫可采取在冬季成虫或老熟幼虫越冬后清理树下的枯枝落叶及杂草，全园喷洒石硫合剂，可有效降低越冬虫口数量，早春清洁田园，全园喷洒石硫合剂，幼虫时期可以使用1.3%苦烟乳油1 000倍液进行喷洒或1.8%阿维菌素1 000倍液进行喷洒，效果明显。

1. 黑果枸杞蚜虫

黑果枸杞蚜虫俗称绿蜜、蜜虫、油汗，属同翅目蚜科，分为有翅胎生蚜和无翅胎生蚜。有翅胎生蚜体长1.9cm，头、触角、中后胸黑色，复眼黑红色，前胸绿色，腹部深绿色，尾片黄色，两侧各有毛2根；无翅胎生蚜体长

1.5~1.9cm，淡黄色至深绿色，尾片两侧各有毛2~3根。

（1）生活习性

它们常群居在黑果枸杞的顶梢、嫩芽、花蕾及青果等部位，以卵的形式在黑果枸杞枝条缝隙内越冬，翌年的4月下旬日均温达14℃以上时，卵孵化，孤雌胎生，繁殖2~3代后即出现有翅胎生蚜，飞迁扩散为害。5月中旬至7月中旬，蚜虫密度最大，6月是为害高峰，8月密度最小，9月回升，为害秋梢，10月上旬产生性蚜，交配产卵，10月上旬为产卵盛期。在夏、秋季节平均气温18℃时，7~8天就可繁殖1代，1年约发生18~20代。为害期日平均气温在18~28℃，温度越高，降雨越少，蚜虫数量增加越快。日均温度为20℃时是有翅蚜出现的高峰期。高峰期之后，由于其全部以孤雌胎生繁殖，约15天时间，生产上又会出现为害高峰期。

（2）为害症状

常群聚在黑果枸杞顶梢、嫩芽、花蕾及青果等汁液较多的幼嫩部位，吮吸汁液，使受害枝叶卷缩，幼蕾萎缩，生长停滞，严重时叶、花、果表面全被它的分泌物所覆盖，影响光合作用，引起早期落叶，造成大面积减产。

（3）防治时间

4—8月的每月中下旬。

（4）防治指标

蚜虫分别调查卵、成虫，当每个枝条有5头蚜虫时，损失率为5%，应予以防治。

（5）防治农药

以生物制剂为主，辅以高效低毒的广谱性杀虫剂。

（6）最佳防治期

蚜虫（干母）孵化期。

（7）防治方法

加强黑果枸杞园的管理，及时清理园内修剪时留下的枝条。同时保护和利用蚜虫的天敌，如七星瓢虫、龟纹瓢虫、草蛉、食蚜蝇、蚜茧蜂等益虫。在黑果枸杞展叶、抽梢期使用2.5%扑虱蚜3 500倍液树冠喷雾防治，开花坐果期使用1.5%苦参素1 200倍液树冠喷雾防治。发现蚜虫增殖时立即喷洒50%抗蚜威可湿性粉剂2 000倍液喷洒；也可用35%卵虫净乳油或10%吡虫啉可湿性粉剂1 500倍液喷洒。树冠喷雾时注重喷洒叶背面。黑果枸杞蚜虫易产生抗药性，要注意农药的交替使用。

2. 黑果枸杞木虱

枸杞木虱又名猪嘴蜜、黄疸、土虱，属同翅目木虱科。成虫体长 3.75cm，翅展 6cm，形如小蝉，全体黄褐至黑褐色，具橙黄色斑纹，触角端节有 2 根刚毛，腹部背面褐色，近基部有一白色横带，腹部末端黄色，卵长圆形，橙黄色，有一长丝柄。若虫体长 3cm，扁平，椭圆形，固着在叶上，似介壳虫，幼龄时黄绿色，老熟时淡褐色，近羽化时翅芽及胸部灰褐色。

（1）生活习性

以成虫的形式在树干的老皮缝下或残存地蜷缩枯叶中及黑果枸杞园的土缝、枯枝落叶中越冬。翌年 3 月底至 4 月初黑果枸杞发芽时，越冬成虫开始活动。4 月中旬黑果枸杞展叶后产卵于叶片两面，密集如毡。5—6 月间卵、若虫暴发。秋季新叶再次生长时，黑果枸杞木虱又一次盛发。11 月上旬，末代成虫进入越冬休眠期。一年发生 3~4 代。

（2）为害症状

成虫与若虫为害幼枝，把口器插入叶背组织内，吸吮汁液，使叶黄枝瘦，树势衰弱，早期落叶，浆果发育受抑，产量降低，品质下降。受害严重时几乎全株遍布若虫及卵，枝叶一片枯黄，造成 1~2 年生幼树当年死亡，成龄树果枝或骨干枝翌年早春全部干死，并能加剧第二年春季干枝，是为害黑果枸杞的一大害虫。

（3）防治时间

3—5 月的每月下旬。

（4）防治指标

统计有卵叶、无卵叶，成虫一触而飞，目测统计，当每枝达到 5 头时，应予以防治。

（5）防治农药

高效低毒、低残留的农药。

（6）最佳防治期

成虫出蛰期、若虫发生期。

（7）防治方法

秋末冬初或 4 月中旬前灌水翻土，清除黑果枸杞园内的落叶、枯草，消灭越冬成虫。成虫出蛰期的 3 月下旬、4 月上旬用阿维吡虫啉每亩 1.5~2kg 进行地面喷洒。全园土壤封闭，可有效地降低成虫虫口密度。在若虫盛发期的 5 月、6 月用 20% 杀灭菊酯 4 000 倍液结合防治蚜虫，效果均佳；或者喷洒 25% 扑虱灵乳油 1 000~1 500 倍液或 2.5% 天王星乳油 3 000~4 000 倍液，用量为 100L/亩，隔 10~15 天喷 1 次，防治 1~2 次。在采收前 7 天停止用药。

3. 黑果枸杞瘿螨

俗称虫苞子、痣虫，属瘿螨属瘿螨科。成虫体长 0.08~0.3mm，肉眼难以看清。全体橙黄色，长圆锥形，有两对足，形如胡萝卜，头胸部宽短，尾部渐细长，口器下倾向前；腹部有细环纹，背腹面环纹数一致，约 53 个，腹部前端背面有刚毛 1 对，腹侧有刚毛 4 对，腹端有刚毛 1 对，较长，内侧有短附毛 1 对，足 2 对，爪钩羽状；卵圆球形，直径 0.03mm，乳白色，透明。

（1）生活习性

雌成螨在当年生枝条的越冬芽、鳞片内以及枝干缝隙内越冬，翌年 4 月中旬黑果枸杞展叶时，越冬成虫迁移至新叶产卵为害。5 月中下旬新梢盛发时，又转移为害新梢，6 月上旬形成第一次繁殖为害高峰。8 月中下旬秋梢开始生长时，又迁移为害，至 9 月形成第二次繁殖为害高峰。11 月上旬成虫全部进入越冬休眠期。1 年发生 10 代左右。

（2）为害症状

瘿螨主要为害叶片、嫩梢、花瓣、花蕾和幼果，被害细胞受刺激后形成紫色或黄绿色圆形隆起的虫瘿，叶片严重扭曲，生长受阻，叶片的嫩茎不能食用。嫩梢畸形弯曲，不能正常生长，花蕾不能开花结果，果实产量和质量降低。

（3）防治时间

4 月下旬、6 月中旬、8 月中旬。

（4）防治指标

每次调查 1 000 片叶，分五级统计虫情指数：0 级正常叶；1 级有 1~2 个小于 1mm 的虫瘿；2 级有 2~3 个大于 1mm 的虫瘿；3 级有 3~4 个 2mm 以下的虫瘿；4 级有 2mm 以上的虫瘿。

（5）防治农药

以内吸性杀螨剂为主。

（6）最佳防治期

成虫出蛰转移期。

（7）防治方法

提高防治效果，注重虫体暴露期的虫情测报，在短时间内集中进行药剂化学防治。药剂防治，应在黑果枸杞新叶抽生期连续喷施，保护叶片在展叶成长过程中不受其侵害。在当地瘿螨出蛰活动期，采用超低容量喷雾法，每公顷喷施 50% 敌丙油雾剂柴油（1:1）3kg 混合液，省工、省药、效果好；也可用普通喷雾器喷施 1.8% 爱比菌素 3 000~4 000 倍液，或 50% 杀螨丹胶悬剂 600 倍液，或 20% 克螨氰菊乳油 1 500~2 000 倍液，或 7.5% 农螨丹乳油（尼索朗与灭扫利混剂）1 000~1 500 倍液，或 20% 四螨嗪（阿波罗悬浮剂）2 000 倍液，或 20% 速螨酮可湿性粉剂 2 500~3 000 倍液，或 5% 四斗星乳油（苯螨特）1 500~2 000 倍液，2~3 次，隔 10~15 天 1 次，交替均匀喷施。

4. 黑果枸杞锈螨

黑果枸杞锈螨属瘿螨属瘿螨科。成虫体长 0.10~0.17mm，褐色或橙色，长圆锥形，似胡萝卜，腹部逐渐狭细，口器向下与体垂直；胸部腹板有毛 1 对，腹部由环纹组成，背面约有 33 个粗环纹，腹面环纹细密，约为背面的 3 倍，腹侧有刚毛 4 对，腹端有刚毛 1 对，足 2 对；膝节、跗节各有长毛 1 根，爪上方有 1 根弯形跗毛，毛端球形。

（1）生活习性

成螨在树皮缝隙、芽腋等处越冬。翌年 4 月中旬黑果枸杞展叶后开始为害，4 月下旬产卵，5 月下旬至 6 月下旬为繁殖为害高峰期。在单株上吸汁直至其坏死，此时由于叶片营养条件变坏，螨数大减。7—8 月初发出新叶时，出现第 2 次繁殖高峰，9 月中旬繁殖较慢，10 月落叶后成螨转移到枝条、裂缝内越冬。黑果枸杞锈螨从卵发育到成螨，完成了一个世代，平均为 12 天，全年可发生 20 代以上。黑果枸杞锈螨一年有两个繁殖高峰，即 6 月、7 月的大高峰和 8 月、9 月的小高峰。

（2）为害症状

黑果枸杞瘿螨在叶片上分布最多，一片叶上常有数百头到 2 000 头，常集群密布于叶片背面基部主脉两侧。从若螨开始，就将口针刺入叶片，吸取汁液，使叶片表面细胞坏死，叶片营养条件恶化，光合作用降低，叶片变硬、变厚、弹力减弱，变为铁锈色而早落。严重时整树老叶、新叶均被为害，叶片大量脱落，只剩枝条，继而出现落花落果现象，一般可减产 60% 左右。

（3）防治时间

5 月下旬至 6 月中旬。

（4）防治指标

若有发现立即防治。

（5）防治农药

触杀性杀螨剂。

（6）最佳防治期

成虫、若虫期。

（7）防治方法

此期日照长、气温高，喷洒农药选择在上午 10 时以前和下午 4 时以后。4 月下旬，成虫期用 20% 三氯杀螨醇乳油 800~1 000 倍液或硫黄胶悬剂 600~800 倍，进行树冠喷雾，连续喷打 2 遍，每次间隔 10 天；若虫期使用 20% 牵牛星可湿性粉剂 3 000~4 000 倍液树冠喷雾，可有效控制锈螨为害。

5. 黑果枸杞红瘿蚊

黑果枸杞红瘿蚊属瘿蚊科。卵淡橙色或近无色，常 10 余粒产于幼蕾顶部内；幼虫体长 2.5mm，橙红色，扁圆，腹节两侧各有一凸起，上生一短刚毛；成虫体长 2~2.5mm，黑红色，形似小蚊子，触角 16 节，串珠状，复眼黑色，在头顶部相接，各足第 1 跗节最短，第 2 跗节最长，爪钩 1 对；蛹长约 2mm，黑红色，头顶有 2 尖齿，齿后有一长刚毛，两侧有一凸起。黑果枸杞红瘿蚊是黑果枸杞生产中为害最严重、最难防治的害虫，被形象地称为"黑果枸杞癌症"。

（1）生活习性

一年约发生 4~6 代，一个世代大概需要 22~27 天，即羽化后到产卵 2 天，卵期 2~4 天，幼虫为害期 11~13 天，蛹期 7~8 天。除第 1 代发育整齐外，其他各代世代交替比较明显。黑果枸杞红瘿蚊以老熟幼虫的状态在土中作土茧越冬。翌年春化蛹，成虫羽化后将卵产于幼蕾顶端的内部。幼虫孵化后，在花蕾中向下钻蛀至子房基部，为害正在发育的子房。幼虫在第一次为害后很快于 6 月上旬入土化蛹。6 月中旬至 7 月下旬继续世代繁殖。7 月下旬至 8 月中旬第 4 代成虫羽化，随后产卵，对秋果的花蕾进行为害，形成全年第二次为害高峰。9 月下旬末代幼虫老熟，入土越冬。

（2）为害症状

幼虫主要为害花蕾。幼虫在幼苗内为害子房，使子房肿胀，外观似水肿状，呈畸形发育。红瘿蚊在幼蕾中产卵，卵孵化后，开始咬食幼蕾，形成畸形花蕾，剥开被害花蕾，可见子房基部有橘红色幼虫及褐色虫道，幼虫达 10 个甚至更多。花被呈指状开裂不齐，花顶膨大如盘，颜色黑绿，不能开花结实，后干枯脱落，造成果实大批损失。

（3）防治时间

4月中旬、5月下旬。

（4）防治指标

调查成虫、正常果、虫果。每株虫果数达21.25个，果实损失率为5%，每平方米越冬虫茧2.2个时进行防治。

（5）防治农药

地面封闭剂或内吸性杀虫剂。

（6）最佳防治期

化蛹期、成虫期。

（7）防治方法

4月中旬，采用阿维吡虫啉粉剂加辛硫磷微胶囊，按照1.5kg/亩进行园地喷洒，连同园地周围农区一并封闭；或喷50% 1605乳油1 000倍液，地面封闭喷200倍液，然后灌水消灭出蛰成虫。4月下旬，结合灌头水，使地表形成一层板结层，可有效防治成虫羽化。5月上中旬，如发现有少量被害虫瘿果，可组织人力摘除，集中深埋并结合药物处理。对于幼蕾期的幼虫和成虫发生期的成虫应喷内吸药如阿维吡虫啉适量防治。在防治中，要以生物防治和农业防治为主。地面覆膜物理防治技术是防治黑果枸杞红瘿蚊的重要农业防治技术。

6. 黑果枸杞负泥虫

黑果枸杞负泥虫又名金花虫、十点叶甲，俗称肉蛋虫，属叶甲科，由于幼虫背负自己的排泄物，故名负泥虫。卵长圆形，黄色，一般10余粒，呈"A"形排列于叶片背面。幼虫体长约7mm，灰黄色，头小，黑色，腹部特别肥大，胸足3对，腹部各节的腹面有吸盘1对，以使身体紧贴在叶面上，体背附着黑绿色稀泥浆粪便。蛹体长5mm，淡黄色；茧白色，卵圆形。

（1）生活习性

负泥虫常栖息于野生黑果枸杞或杂草中，通常是成虫飞翔到黑果枸杞树上啃食叶片嫩梢，以"A"形产卵于叶背，卵一般8~10天就可孵化为幼虫，开始为害叶片。幼虫老熟后，入土约2cm，吐白丝黏结土粒成土茧，化蛹其内。4—9月，各期虫态可同时出现。4月开始为害，6—7月为害最严重，10月初末代成虫羽化，10月底进入越冬休眠。一年发生3~5代。

（2）为害症状

负泥虫的成虫、幼虫均为害叶片，尤以幼虫为甚。受害叶片呈不规则缺刻或穿孔，最后仅残存叶脉。受害轻时，叶片被排泄物污染，影响生长和结果；受害严重时，全树叶片、嫩梢被害，一片焦黄，像被火烤过一样，严重影响黑果枸杞生产。

（3）防治时间

4月、5月、7月。

（4）防治指标

统计卵、若虫和成虫的数量，及时防治。

（5）防治农药

广谱性杀虫剂。

（6）最佳防治期

成虫期和若虫期。

（7）防治方法

成虫期选用40%阿维吡虫啉1 000倍液，若虫期用25%杀虫双600倍液或2.5%鱼腾精1 000倍液，进行树冠喷雾，防治效果在90%～98%。喷雾时将喷头上下转动，注意喷洒叶片背面。

以上6种主要害虫是近年来在宁夏、内蒙古、青海等地黑果枸杞园发生为害较为严重的害虫。此外，还有为害黑果枸杞植株的黑果枸杞实蝇、黑果枸杞绢蛾、黑果枸杞跳甲、黑果枸杞龟甲、黑果枸杞黑盲蝽象、黑果枸杞裸蓟马；为害黑果枸杞嫩梢和鲜果的黑果枸杞蛀果蛾、黑果枸杞卷梢蛾；为害黑果枸杞干果的印度谷螟等等，这些害虫可在采用农业防治和化学防治其他害虫时兼而防治。

（三）黑果枸杞的主要病害及其防治方法

1. 黑果枸杞黑果病

黑果枸杞黑果病又称黑果枸杞炭疽病，是黑果枸杞的主要病害之一，也是一种毁灭性病害，其流行速度快，特别是发病期遇较大降雨时，往往在2～3天内就会造成全田毁灭，可减产20%～30%，严重时可达80%，甚至绝收。该病主要危害黑果枸杞的青果、花、花蕾，也危害嫩枝、叶等。一般花和花蕾易发病，青果上发病严重，感病后的青果在3～5天内会全部变黑，因此，被称为"黑果病"。

（1）发病症状

黑果枸杞黑果病病初的侵染源是在黑果枸杞树上和地面越冬的病残果，越冬菌态是病组织内的菌丝体和病残果上的分生孢子，病菌的分生孢子主要借雨水传播，可多次重复侵染发病。受害青果在染病初期出现小黑点或不规则的褐色斑，当田间湿度大时，特别是降雨后，病斑迅速扩大，2~3天蔓延至全果，使果实变黑。气候干燥时，黑果缩缩；天气潮湿时，黑果表面长出无数胶状红色小点，即病原菌的分生孢子盘上大量产生的分生孢子。花染病后，花瓣上出现黑斑，花逐渐变为黑色，子房干瘪，不能结实。花蕾染病后，表面出现黑斑，轻者成为畸形花，严重者成为黑蕾，不能开花。

（2）病原菌

病原菌为真菌，该菌分生孢子无色，可在8~33℃的水滴中萌发，萌发的温度范围是15~35℃。适宜湿度为100%，当湿度低于75.6%时，病原菌孢子萌发受阻。该菌可在病果内越冬，其分生孢子也可在黑果表面越冬，主要是通过风和雨传播到附近健康的花、果、蕾等部位侵染寄主。

（3）发病规律

自5月上旬的初果期至10月中旬的末果期，均可发病。发生黑果病的初期（5—6月），日平均气温17℃以上，相对湿度60%左右，每旬有2~3天降雨，田间可发病；盛期（7—9月），日平均气温17.8~28.5℃，旬降水在4天以上，连续两旬平均湿度在80%以上，发病率猛增；后期（10月至初霜期），日平均气温9.2~14.6℃，只要有雨，病害仍有较重发生。风雨交加可加大病原菌的传播，干旱则不利于病原菌分散传播及流行，发病就轻。

（4）防治时期 7—8月。

（5）最佳防治时间

阴雨天之前的1~2天。

（6）防治农药

1.5%多抗霉素、40%百菌清、30%绿得保、50%托布津、65%代森锰锌、50%退菌特。

（7）防治方法

一是做好清园工作。冬前和春季结合剪枝清除病菌感染过的枝条和病果，在园外销毁，对降低次年田间发病率效果显著。二是结合化学农药防治，在黑果病发生初期立即喷洒50%托布津500倍液，可有效控制黑果病的蔓延。三是在黑果病发生盛期，若遇阴雨天气，可在雨后立即喷洒50%退菌特1 000倍液或65%代森锰锌500倍液，防治效果在80%以上。四是注重天气预报，连续阴雨2天以上时，提前喷洒1.5%多抗霉素250倍液、40%百菌清或30%绿得保800倍液，全园预防，阴雨天过后，再喷洒一遍，消灭病原菌。

2. 黑果枸杞根腐病

黑果枸杞根腐病是黑果枸杞全株输导组织感染的一种病害，发生普遍，为害严重。每年有 3%~5% 的黑果枸杞植株因此病死亡，给黑果枸杞生产造成了严重损失。

（1）发病症状

此病一般在植株根茎部附近开始发病。初期根部发黑，局部皮层腐烂，并逐渐向周围扩散，破坏皮层输导组织，使植株失去水分和养分供应而生长衰弱；后期外皮脱落，只剩下木质部，最后导致全株枯萎死亡。受害植株的皮层变为褐色是其特点。根腐病有以下几种类型。

1）根朽型

根或根茎部发生不同程度的腐朽、剥落现象，茎干维管束变为褐色，潮湿时在病部长出白色或粉红色的霉层。该型根腐病又可分为两种。小叶型，春季展叶时间晚，叶小，枝条矮化，花蕾和果实瘦小，常落蕾，严重时全株枯死。黄化型，叶片黄化，常大量落叶，严重时全株枯死；也有的落叶后又萌发新叶，反复多次后枯死。

2）腐烂型

根茎或枝干的皮层变为褐色或黑色，并逐渐腐烂，维管束变为褐色。叶尖开始时为黄色，后逐渐枯焦，向上反卷。当腐烂皮层环绕树干时，病部以上叶片全部脱落，树干枯死；有的则叶片突然萎蔫枯死，枯叶仍挂在树上。这种现象多发生在 7—8 月的高温季节。

（2）病原菌

黑果枸杞根腐病的病原菌有 4 种：尖孢镰刀菌、茄类镰刀菌、同色镰刀菌和串珠镰刀菌，其中尖孢镰刀菌的致病性最强，茄类镰刀菌次之。

（3）发病规律

6 月中下旬发生，7—8 月严重。黑果枸杞根腐病病原菌既可以从伤口入侵，也可以直接入侵，其潜育期在 20℃ 时，寄主有创伤的情况下为 3~5 天，无创伤时则为 19 天。黑果枸杞根腐病的发病原因主要是田间积水，积水时间愈长则发病死株率愈高。白僵土土质会加重病害的发生，机械创伤会使发病严重。

（4）防治时间

7—8 月。

（5）最佳防治期

根茎处有轻微脱皮病斑时。

（6）防治农药

40%灭病威，25%三唑酮。

（7）防治方法

发现病株及时挖除，并在病株的生长穴中施入石灰消毒，必要时可换新土。保持园地平整，不积水、不漏灌。发现病斑立即用灭病威500倍液灌根，同时用三唑酮100倍液涂抹病斑。发病初期也可喷淋50%甲基硫菌灵可湿性粉剂600倍液或浇灌45%代森铵水剂500倍液、20%甲基立枯磷乳油1 000倍液，经一个半月可康复。此外，浇灌25%多菌灵可湿性粉剂或65%代森锌可湿性粉剂400倍液，两个月可康复。

3. 黑果枸杞流胶病

黑果枸杞流胶病是黑果枸杞树常见的一种病害，属于非侵染性病害，常发生在夏季。发病原因是田间作业时的机械创伤、修剪时伤皮或者害虫为害所致。近年来，由于栽培管理的集约化，此病的发生越来越少。

（1）发病症状

其特征是树干皮层开裂，从中分泌泡沫状带黏性的黄白色胶液，有腥味，常有苍蝇和黑色金龟子聚吸。树干受害部位的树皮似火烧而呈焦黑色，皮层和木质部分离，使植株部分干枯，严重时全株死亡。

（2）病原菌

目前病因尚不清楚，但在流出的胶液中发现有镰刀菌。

（3）发病规律

该病原菌可在田间植株上越冬，也可随病株残体在土壤中越冬。这些发病植株和病株残体可能成为黑果枸杞园内的主要病原，应及时清理。在东北地区，黑果枸杞流胶病一般在春、秋两季发病较为严重。秋季进入结果成熟期，气温在22~25℃，降水量比春、夏多，发病率较高。因此，多雨、适温是影响发病的主要因素。经调查，黑果枸杞瘿螨、蚜虫、介壳虫的虫口密度较大的树木，树势较弱，树体伤口较多，流胶病发生严重，且与其他病害混合发生。因此，树势弱，植株抗病性差也是流胶病发生的主要诱因。

（4）防治时间

春季。

（5）最佳防治期

枝、干皮层破裂时。

（6）防治农药

石硫合剂，抗腐特。

（7）防治方法

主要在发病早期防治。同时，田间作业要避免碰伤枝、干皮层，修剪时剪口平整。在田间，一旦发现皮层破裂式伤口，应立即涂刷石硫合剂。当发现树体轻度流胶时，将流胶部位用刮刀刮除干净，然后用石硫合剂涂刷伤口消毒，再用200倍的抗腐特涂抹伤口，治愈率在70%。

六、鲜果的采收、加工、分级与贮藏

枸杞鲜果的适时采收和依据标准初加工，是使枸杞果实生产保质保量和提高产品商品价值的重要技术环节。采摘和晾晒是保证黑果枸杞质量的最后两个关键环节，但也是最容易被忽视的环节。黑果枸杞皮薄易破，采摘时稍有不慎就容易使果实破裂，导致果汁外流，丧失营养价值；晾晒过程中，如果不注意防止沙粒或树枝等杂质随风混入黑果枸杞中，将直接影响黑果枸杞的品质。

如何使黑果枸杞在采摘时保持果型完整和晾晒后果面干净、色泽鲜艳，采收要轻采、轻放，果筐宜次盛果不超过10kg。黑果枸杞不可暴晒，暴晒会破坏花青素，将采回的鲜果倒在制干用的果栈上，摆放在阳光直射不到的地方风干，果实未干前不要翻动，脱水至含水率13.0%以下，如遇阴雨天气可以低温烘干方式脱水。采摘后需阴干晾晒或保鲜、冷藏处理。多雨季节可烘干处理。不能用手揉搓，以免影响质量，经筛选后达到干净、清洁即可。关键就要在采摘和晾晒两个环节上精细和规范操作。

（一）鲜果的采收

按照"最大持续产量"的原则确定适宜的采收期、采收标准和采收方法。

1. 适宜采收期的确定

确定适宜采收期的依据是黑果枸杞果实膨大到产量最大值和成熟初期的主要有效成分动态积累的最大值时。黑果枸杞在年度生育期内连续开花结果，由结果的载体（结果枝分为二年生枝，当年发春枝和秋枝）不同而分为春果期（二年生结果枝所结的果实，在东北地区6月中旬至7月上旬）、夏果期（当年春发果枝所结的果实，7月中旬至8月中旬）、秋果期（当年秋季发果枝所结的果实，9月中旬至10月中旬）。由此，春果采收期从6月中旬开始至7月上旬，紧接着与夏果采收期相连接直至采到8月中旬。秋季由于气温降低，8月上中旬萌发秋梢，下旬现蕾开花，9月中旬果熟延续到10

月中旬下霜为止，夏秋采收间隔1个月左右，实际采收期为3个月左右。

2. 黑果枸杞鲜果的采收标准

（1）成熟后采摘时间

黑果枸杞落花后，逐渐发育成绿色幼果，随果实生长，果色变成褐色，此时果肉尚硬。待果实逐渐变成紫黑色、果蒂疏松、果肉稍软时为黑果枸杞的最佳采摘时期。黑果枸杞在芒种至秋分之间采收。黑果枸杞在芒种前采收，果实硬度较大，易采收，但果实成熟程度不高，有效成分花青素含量较低；在秋分后采收，果实内的花青素开始向植株体内和根系运输，果实有效成分含量不断降低；在芒种和秋分之间，果实表面全黑、失水、皮皱，果实内花青素含量最高，果实采收硬度适中，容易采收。

采摘时务必轻摘轻放。每次隔10~15天采摘1次，确保果实完全成熟。如采摘过早，在果实颜色为褐色且果实坚硬时采摘，晒干后黑果枸杞干果发红，原花青素含量低，影响质量和等级。以色黑、粒大者为佳品。由于果黑果枸杞植株矮小，枝干密布棘刺，采果时需配置特殊防护装备。鲜果含水量大，果皮薄，因此较难保存完整，一般加工成干果储运、销售。

（2）果面湿时不摘

采摘期控水。黑果枸杞不宜在早晨有露水时或雨后果面未干时采摘。如摘了湿果，容易导致细菌污染，晒出的干果色泽暗淡，影响黑果枸杞干果品质。

（3）小容器盛装

黑果枸杞皮薄汁多，撞、挤、压、摔、刺等都会致使果汁外漏，导致营养流失，影响品质。因此，采摘时使用黑果枸杞专用框（60cm×80cm×10cm）盛装，表面积大，不易相互挤压，能较好地保持果型完整。禁止来回"倒装"和使用大器皿（5kg以上）较长时间盛装存放。

取种要选择株型好、无病、生长健壮、果粒大的树挂牌，待果实充分成熟后由专人采收，采收后及时处理，把果实放入细网袋中扎口搓揉，然后放入盆中加水淘洗，把浮在水上的果肉和果皮捞出，再用20日细筛滤除水，取出的种子在室内通风处晾干，由于种子细小，室外易被风刮跑，种子干后装入布袋或纸袋放在干燥和阴凉库房贮藏。

（4）采摘期控水

为了保证黑果枸杞的品质，第1批黑果枸杞成熟后（果实变为紫黑色）的整个采摘期，禁止灌水。

3. 黑果枸杞晾晒规范

果实采收后通过传统的自然晾晒和热风烘干两种方式进行干燥处理。晾晒是影响黑果枸杞质量等级的最后环节，根据经验，黑果枸杞不宜露天暴晒，阴干的黑果枸杞果型圆润，色泽鲜艳，质量等级高，经济效益可观。因此，黑果枸杞在晾晒过程中应该规范以下几点。

①不宜久放。刚采下的黑果枸杞呼吸强烈，易发热发汗，放置过久，一方面，晒干后的果色灰暗不鲜；另一方面，久放的黑果枸杞容易因挤压而破裂，导致果汁外漏，晾干后果实粘连，影响质量等级。因此，采摘后的黑果枸杞要立即晾晒。

②不宜暴晒。黑果枸杞晾晒时，先由弱光低温逐渐转至强光高温，晾出的果形较好，果色鲜润。避免过分干燥，晾晒时不可堆积过厚。如直接在炎热的中午暴晒，果实易破，影响品质。

③大棚晾晒为了防止风沙影响黑果枸杞的晾晒效果，保证黑果枸杞的晾晒品质，采取集中统一在晾晒大棚内晾晒，可使果面干净且色泽鲜艳，质量等级高。

④不宜翻动。黑果枸杞在晾晒过程中翻动，容易导致果皮受伤甚至果实破裂。因此，黑果枸杞摊晾过程，中间不宜翻动，直至晾干后才能收集。

（二） 鲜果的初加工

目前，对黑果枸杞鲜果的初加工和利用主要有两种方法：一部分直接将鲜果加工成黑果枸杞汁（制作保健饮品）、黑果枸杞粉（制作保健颗粒胶囊及片剂）和食品添加原料（糕、糖、饼等小食品）；大部分仍是将鲜果脱水干燥（称黑果枸杞子），在市场上销售。黑果枸杞鲜果的制干有以下几种方法。

1. 日光晒干法

日光晒干法是将采收下来的鲜果及时摊放在晾晒果栈（果盘）上，在太阳光下经日晒自然干燥，是黑果枸杞鲜果制干的一种传统方法。

（1）晾晒场地与果栈准备

晾晒场地要求地面平坦，空旷通风，卫生条件好。一般每种植亩成龄黑果枸杞，要求预留晾晒场地 $30\sim40m^2$。果栈是铺晒鲜果用的器皿。在原产地中宁县铺晒鲜果用的果栈多做成长 $1.8\sim2m$，宽 $0.9\sim1m$ 的木框，中间夹竹帘用铁钉固定。果栈的准备，每种植亩生产园要求果栈铺果面积达到 $60\sim80m^2$，方可保证周转使用。一般在新建黑果枸杞园的同时，就要有准备地制作果栈，以便鲜果采收下来即可摊开晾晒。

（2）晒干技术

黑果枸杞鲜果表面有一层蜡质层保护，如果直接晒干，不但历时长，而且遇阴雨天，易霉变。为了缩短干燥时间，须采用油脂冷浸液（冷浸液能将鲜果表面防止水分蒸发的蜡质层溶解）将鲜果浸泡 30~60s，溶解蜡质层，使皮层细胞间隙的气孔暴露，果内水分可迅速排出；同时，还可清除鲜果表面的农药残留和其他二次污染物。经试验，油脂冷浸后的鲜果比对照干燥快3~4 天。也有用精碱（NaOH）处理鲜果，溶解蜡质层的，但经化验分析，果实内维生素损失 30%~40%，且口感发涩，不宜提倡。

日光晒干法的优点是工序简单，自然干燥的成本低；缺点是干燥时间长，人工劳动的强度大，且受天气的制约，如在采收期遇阴雨天，鲜果易发生霉烂变质，还易受二次污染（如灰尘、苍蝇、致病菌感染），商品价值降低。

2. 油脂冷浸液的配制方法

先将 30g 氢氧化钾加 300mL 95%酒精充分溶解后，慢慢加入 185mL 食用油（芸芥油、菜籽油、葵花油），边加边搅，直至溶液澄清为止，称皂化液。再另取自来水 50L，加入碳酸钾 1.25kg，搅拌至完全溶解。将配好的皂化液加入后制的碳酸钾水溶液中，边倒边搅，得到乳白色的油脂乳液，即为冷浸液。

将冷浸后的鲜果铺在果栈上，厚度为 2~3cm，要求厚薄均匀，才能干得均匀。铺好后放在通风处、阳光下进行晾晒。为了缩短制干时间，在晾晒时将果栈四角用砖或木块垫高 20~30cm，以利空气流动。在晾晒期间，若晚间无风或遇阴雨天，要及时把果栈叠起进行遮盖，以防雨水和露水淋湿黑果枸杞而造成果实变黑或发霉。在果实未干前不宜用手翻动晾晒的果实，如确遇阴雨造成果实发霉非动不可时，只能用小棍从栈底进行拍打。自然晾晒的快慢与气温和太阳照射的时间长短关系密切。气温高，太阳照射时间长，制干时间短，一般需 4~5 天；气温低，太阳照射时间短，干燥时间长，一般需6~8 天。

3. 机械烘干法

大规模规范化种植的黑果枸杞园区，由于面积集中，日采收量大，不可能有大面积的晾晒场地和较多的果栈来晾晒鲜果，因此，日光晒干已不能适应规模化生产的需求，也达不到无公害的卫生指标。于是，体现现代科技进步的机械脱水干燥装置及工艺技术便应运而生。综合国内不同机械装置对黑果枸杞鲜果脱水干燥的试验研究，一致认为：由于黑果枸杞鲜果含水量高（一般80%左右），水分中的含糖量又高（一般22%左右），果肉细腻（比其他果蔬的肉质细胞分子结构细密），在脱水干燥过程中的水分排出比果蔬和其他植物物料的难度要大些。所以，无论是采用电热烘干箱、燃油烘干炉、燃煤热风炉、红外热风室，还是电热泵干燥器来进行黑果枸杞鲜果的脱水干燥，都要遵循环保、节能、无污染和低成本的原则，达到脱水干燥的时间短（40~50h），干燥后果实的商品率高（红果率占90%以上，无霉变、无焦煳，含水量以13%下），批次烘干容量大（1t以上）和技术参数控制的自动化半自动化程度高（减轻劳动强度）等技术要求。果采下来经过表面处理（油脂冷浸液浸泡）后，进入干燥室进行干燥。黑果枸杞鲜果经干燥后应及时脱柄去杂，避免返潮，否则残留果柄和其他杂物不易清除干净。一般多采用长布袋进行黑果枸杞脱柄。方法是将已干燥的果实装在一个长约1.8m、宽0.5m的布袋里，由2人来回拉动，再往地上摔打，使果柄同果实脱离，然后将果实同果柄一起倒入风车，扬去果柄、叶片等杂质。对于规模化种植者，可采用电动脱柄机脱柄，然后将脱柄后的果实同果柄一同倒入风车，扬去果柄等杂质。

（三）干果产品的分级

黑果枸杞果实干燥后，生产者一般以混等黑果枸杞出售，而销售者在出售时要进行分级。根据《枸杞（枸杞子）》（GB/T 18672—2002）的分级标准规定：黑果枸杞质量分为四级，即特优、特级、甲级和乙级。分级方法根据各级果实大小，用不同孔径的分级筛进行筛选分级。目前生产上对于干果中的油粒、杂质、霉变果粒还是用人工的方法进行拣除。

（四）黑果枸杞果实的贮藏

黑果枸杞干果的贮藏涉及消费者未食用前的整个过程。干黑果枸杞可溶性糖分含量高，在保管期间，如果制干没有达到最低含水量（13%以下）；或将包装袋打开，没有及时封口；或包装物破损，很容易吸收空气中的水分，使干果变为褐色或生虫，发现早，会造成一定的经济损失；发现晚，则会失去全部食用价值。黑果枸杞贮藏过程中出现褐变和生虫，主要与果实的干燥程度和保管过程中的温度有关，尤其是黑果枸杞的干燥程度。要做到黑果枸杞贮藏期间不褐变、不生虫，在保管期间，还应注意以下几个方面。

①不论是生产者还是经营者，计划存放的黑果枸杞必须干燥到含水量低于13%以下，甚至到10%。一般的测定方法，用手挤压不成块，用手搓能

成粉。

②制干后的黑果枸杞，经脱柄去杂或分级拣选后，装入干燥、清洁、无毒、无污染、无破损、不影响质量的材料制成的包装物内及时密封。包装物要求要牢固、密封、防潮。

③在将干燥后的黑果枸杞存放进库前，要对存放场所用具有熏蒸作用的高效低毒农药如敌敌畏，进行彻底消毒。

④常温下产品应贮藏在清洁、干燥、阴凉、通风、无异味的专用仓库中。

⑤有条件的采用低温冷藏法，放入5℃以下气调库仓储。

消费者打开包装物后，要将剩下的黑果枸杞及时封口，以防吸潮、变褐、生虫。没有打开包装物的黑果枸杞要谨防破损。一般每隔2~3个月，放入冰箱冷冻室一次，时间24~36h，可起到防虫作用。总之，黑果枸杞产品在有效贮藏期内的储存要遵从"安全贮存、科学管护、保证质量、降低消耗、收发迅速、避免事故"的原则。

第四章 玉米秸秆营养钵育苗技术及营养钵育苗栽培前景

第一节 科尔沁沙地玉米秸秆资源

科尔沁沙地是一块位于内蒙古东南部西辽河中下游赤峰市和通辽市之间的沙地，面积约 4.23 万 km^2，是中国最大的沙地。科尔沁沙地的中心城市通辽市现有耕地 134.74 万 hm^2，通辽市气候和土壤条件尤其适合玉米种植，是内蒙古自治区东部玉米生产的黄金地带。玉米一直是通辽市主要农作物，也被称为"铁杆"庄稼，全市常年玉米种植面积在 110 万 hm^2 以上，产量突破 1 000 万 t，玉米产量约占内蒙古玉米产量的 1/3，年产秸秆资源超过 1 200 万 t。玉米秸秆资源丰富。大量的秸秆资源被焚烧浪费掉，而且在部分的秸秆还田过程中，没有针对性强的秸秆还田技术，再加上通辽市秋收后至次年春天气温较低，往往造成秸秆还田地块，还田的秸秆分解缓慢，腐熟不彻底，微生物与作物争夺土壤中原有的有效氮，引起氮素缺乏，玉米幼苗发黄，不利于作物生长发育，甚至造成减产，农民秸秆还田的积极性不高。为了减轻秸秆焚烧对大气环境以及交通、航空等带来的危害，通辽市可利用玉米秸秆这一优势资源进行秸秆营养钵的制作生产。

第二节 玉米秸秆营养钵生产技术

科尔沁沙地处于温带半干旱大陆性气候带，干旱是这个地区自然环境的最大特点，如何克服干旱对农业、林业生产的影响，是农业技术重要课题，其中，提高农作物育苗成活率就是很有实用价值的技术。针对科尔沁沙地的自然特点，采用科尔沁沙地黑锅枸杞秸秆营养钵育苗栽培技术，进行沙地的可持续生态治理。玉米秸秆营养钵具有如下独特的育苗优点。

①玉米秸秆钵体吸湿性强，且钵体腐解前可以多次吸水保持钵内土壤的水分，供植物幼苗吸收利用，提高植物幼苗移栽成活率。

②玉米秸秆钵育苗技术可避开春季低温干旱期，延长植物的生长期，提高植物生物产量。

③玉米秸秆钵与植物幼苗专用营养土配合使用，可满足幼苗期对养分的需求。

④玉米秸秆钵体持水性强且利用率高，完全实现了对植物的供水，在干旱的科尔沁沙地有明显的节水省工作用。

⑤玉米秸秆钵体在沙地土壤分解，可提高土壤有机质，改善沙土的结构，增加土壤养分，保持生物多样性，调节沙土地的水、肥、气、热，实现沙土地农业的可持续。

第三节　玉米秸秆营养钵育苗技术

黑果枸杞有性繁殖容易造成子代性状分离，无法保持品种的优良特性，而无性繁殖可以较好地保持品种的优良特性，确保遗传性状稳定，并且具有生长速度快、开花结果早等特点，是一种普遍、高效的枸杞生产方式。无性繁殖的几种方式中，硬枝扦插取材和处理插穗困难；组织培养成本高、环境条件要求较高，所以在实际生产中，嫩枝扦插育苗更为合适。

由于年平均降水量较低，春季植树因缺水，用裸根苗造林成效不高，为了探索出一条适宜科尔沁地区气候特点的造林与育苗方法，我们进行了黑果枸杞玉米营养钵扦插育苗技术的试验研究。

一、正确选择营养钵育苗地

（一）育苗地需要具备的条件

应选择交通方便、灌溉方便、地势坦荡、排水设施齐全、背风向阳、适合机械作业的地块，土壤以沙壤土最佳。试验地设在通辽市科左中旗马家锡伯农业资源与环境实践基地。

（二）合理设置苗床

科尔沁沙地干旱地区具有降水稀少且集中、土壤水分蒸发量较大且含水量少等情况，选择低床育苗法最为合适。因此，要设置长方形苗床，长度根据育苗地走势而定，宽约 1.2m、深约 0.3m 即可。同时，要使用专业设备将与苗床周围切成垂直状，并填充床底洼陷处，使其变得平整，实现方便放置营养钵的目的。同时，要做好与苗床锄草、施肥等工作，每个苗床之间还要预留（0.45±0.05）m 的行走通道。

二、做好营养基质的科学调配

（一）配制营养基质

为了提高黑果枸杞玉米秸秆营养钵育苗成功概率，营养基质应存在气质密实、体积不受干湿影响、透水透气保肥性强、没有病虫害、质量较小、能促进稳定根团形成等特点。营养基质的配制为草炭：沙土 =3：2。另外，用0.2%多菌灵可湿性粉剂加入营养基质当中均匀搅拌，放置 4 日左右后即可使用，这将有效降低黑果枸杞苗发病率。

（二）营养钵准备

用玉米秸秆材料制作的圆柱形营养钵，其外径为 14cm、高度 12cm，内径和内高均为 10cm，装好营养基质备用。具体步骤如下。

一是收集玉米秸秆（图 4-1）。

二是研制玉米秸秆营养钵加工模具（图 4-2）。

图 4-1　玉米秸秆收集

图 4-2　玉米秸秆营养钵加工模具

三是粉碎玉米秸秆（图 4-3、图 4-4）。

四是制作玉米秸秆营养钵黏合剂试验（图 4-5、图 4-6、图 4-7、图 4-8）。

图 4-3　玉米秸秆粉碎

图 4-4　玉米秸秆粉碎机

图 4-5　玉米秸秆营养钵黏合剂

图 4-6　秸秆搅拌机

图 4-7　营养钵加工

图 4-8　晾晒营养钵

五是制作玉米秸秆营养钵（图4-9、图4-10、图4-11、图4-12、图4-13、图4-14、图4-15）。

六是田间试验（图4-16、图4-17、图4-18、图4-19）。

图4-9　粉碎玉米秸秆

图4-10　营养钵加工机械

图4-11　搅拌秸秆

图4-12　搅拌机加水和粘合剂

图4-13　手工制作秸秆营养钵

图4-14　不同规格秸秆营养钵

图 4-15　营养钵制作大棚

图 4-16　晾晒成型营养钵

图 4-17　学生填埋营养钵

图 4-18　试验示范

图 4-19　大田试验

三、栽植育苗

（一）选苗及插穗处理

8月中旬采集当年萌发的半木质化、无分枝、无开花结实、无病虫害的长势较好、无病虫害的黑果枸杞优良植株一年生枝条作为插条。将枝条剪为长度8cm的插穗，将插穗生理学上端剪平，生理学下端剪斜，剪除下端2/3处所有叶片和棘刺，同时保留上端的叶片和棘刺，保证枝条除原叶片和棘刺部分外，无其他伤口。插穗浸泡于生根粉溶液中，插穗下端3cm浸没在溶液中，浸泡8h。

（二）栽　苗

扦插时用与插穗同样粗细的小棍在容器中间打5～6cm深的小孔后再将插穗插入，以减少对枝条外皮愈伤组织的破坏。扦插时插穗上部露出地表2～3cm，在插穗周围灌入基质并用手将插穗周边按实，便于插穗与土壤接触紧密。按行距30cm，株距25cm放入苗床内（株行距指树苗与树苗之间的距离）。将钵与钵之间的空间用土填实，床面用土填平，填土略高于钵面，扦插完成后漫灌，使插穗下端与土壤接触更紧实，有利于插穗吸收营养和水分。

苗木栽植后，在床外适当留土，以备浇水后给床面覆土，覆土不宜过浅或过深（图4-20、图4-21）。

图4-20　黑果枸杞苗木假植畦　　　　图4-21　黑果枸杞假植越冬

（三）栽后管理

浇水后，若钵与钵之间出现孔隙，把预留的土再次覆到床面，覆土厚度要超出钵体 1~2cm，以利于松土、除草。扦插后进行 3 次预防灭菌。时间分别为第 3 天、第 7 天、第 15 天。使用消毒液为多菌灵、百菌清、代森锰锌，3 种消毒剂不重复使用，防止产生抗性。进行消毒时，将消毒液加入水中，随喷水进行。保持钵体内土壤湿润，发现土壤水分不足时立即浇水，浇水后进行松土，保证床面疏松。浇水次数根据土壤墒情而定。

第四节　科尔沁沙地发展黑果枸杞营养钵育苗栽培前景

一、科尔沁沙地良性循环发展的瓶颈

尽管科尔沁沙产业取得可喜的成绩，但是也存在不可忽视的问题，只有对症下药，才能有效地解决问题。

（一）重利用轻管理，缺乏环保意识

沙地利用过程中功能区规划不完善、利用及管理不科学，没有做到"因地而异"，充分发挥地域优势。同时由于农牧民生态环境保护意识薄弱，存在严重的乱砍、乱开现象，导致"开一块、荒一片、退化一片"的严重后果。土地资源的进一步沙化，是限制地方经济发展的瓶颈。黑果枸杞秸秆营养钵育苗种植可以提高经济林木的成活率，有效防止土地的风蚀沙化。

（二）缺乏特色和品牌效应

从经济学角度考虑"特色"和"品牌"是提升产品价值的重要手段。通辽在沙产业发展过程中，产品种类很多（如羊场的葡萄、库伦的荞面、奈曼沙地无籽西瓜等），但是缺少品牌效应，只在局部或者小范围内被人所知，因此导致其与同类商品相比，其价格大打折扣。黑果枸杞适应范围广，科尔沁沙地发展黑果枸杞秸秆营养钵育苗，很易形成规模化种植；因科尔沁沙地独特的环境条件，加之科学的栽培管理技术，可以创立科尔沁沙地黑果枸杞品牌。

（三）缺乏规模化生产基地

农业产业规模化是获得高产、高效的前提保障。通辽农业发展过程中只

有少数地区实现了有效的合作社制度,而这种合作社也只是停留在几家或几十家,没有形成一定规模,在小范围内实现了企业+农户的生产经营方式,没有形成规模。黑果枸杞秸秆营养钵育苗可调动农牧民生产的积极性,加快土地确权及流转,加快完善企业和农户合作机制,加大合作力度,将企业+农户的功能最大化。

(四)产业链不完整

产品生产过程包括原材料生产和深加工两个部分,要想获得较高的利润,必须具备完整的产业链条。通辽市的沙地葡萄、沙地西瓜、羊肉、山杏、沙棘、蓖麻等大部分还是停留在原材料生产或者只进行简单加工处理阶段,所能获得的利润非常有限。针对这种情况,根据科尔沁沙地地域特点,玉米种植面积大结构调整难度大,引入原材料加工企业利用玉米秸秆粉碎制作生产秸秆营养钵,提升玉米种植业效应同时,还可避免秸秆焚烧引起的环境污染;利用秸秆营养钵发展工厂化育苗、机械化栽培、科学化管理让农牧民从事离土不离乡的新型职业;通过"原材料生产加工+质量品牌+销售服务"的发展策略,建立完整的产业链条,获得丰厚的产品附加值。

图4-22　在锡林郭勒盟多伦县调研　　　图4-23　在锡林郭勒盟多伦县调研
黑果枸杞产业发展　　　　　　　　　地采集土壤样品

二、黑果枸杞秸秆营养钵栽培技术创新

利用库伦旗丰富的草炭及霍林郭勒市优质褐煤资源,配制黑果枸杞专用营养土进行育苗,一是工厂化育苗可以避开春季的干旱风蚀;二是营养土合理解决黑果枸杞苗期的营养需求;三是玉米秸秆营养钵保水保肥能力强,移

植前吸足水后可满足苗期对水的需求，降水、灌溉后仍能继续吸水，秸秆营养钵在土壤中腐解转化，可提高沙土地有机质含量，也可分解释放营养供应苗木生长发育。

与内蒙古民族大学机械工程学院及农机公司合作，研制玉米秸秆营养钵育苗移栽机器设备，为规模化发展黑果枸杞种植提供保证。

围绕玉米秸秆营养钵育苗种植生产全过程进行已有技术集成、配套技术研发和产业基地示范推广，重点解决黑果枸杞玉米秸秆营养钵育苗规范种植的关键技术问题。

三、科尔沁沙地黑果枸杞秸秆营养钵栽培前景广阔

（一）适应逆境生态强，可承担固沙先锋

黑果枸杞具有发达的根系、肉质化叶片、表皮细胞壁较厚、贮水组织较发达，是一种耐旱、耐寒、耐盐碱的生态修复物种。黑果枸杞适合在干旱半干旱地区生长与繁殖，以免烂果及病虫危害，在通气透水的土壤中能够充分利用水分资源，这是它可贵的生态价值，但要提高产量和品质，还需水分条件作保障，秸秆营养钵具有保水培肥土壤的作用。科尔沁沙地流动沙丘占的面积不足20%，可利用黑果枸杞秸秆营养钵栽培技术与林草结合，实现生物多样性，使黑果枸杞成为防风固沙的先锋植物种。固定、半固定沙丘超过80%的科尔沁沙地，利用黑果枸杞秸秆营养钵栽培技术进行产业结构调整，走出一条先生态保护、后绿色经济良性循环发展的道路。

（二）营养成分含量高，是沙地经济作物

黑果枸杞鲜果中含紫红色素近4mg/g，食用安全性高，是一种珍稀的着色剂；含多种微量元素，含有人体必需的18种氨基酸，且游离氨基酸接近一半，是优质蛋白；含多种矿质元素，优质种源果实中钾、钠、镁、钙、铜、锰、铁、锌、可溶性总糖、淀粉含量分别达20 000μg/g、4 000μg/g、2 000μg/g、3 000μg/g、10μg/g、10μg/g、100μg/g、10μg/g、29%、5%左右，是理想的高钾低钠食品；具有"花青素之王"的黑果枸杞原花青素（Oligomeric proantho cyanidin，OPC）含量高达5%以上，具有较强的免疫功能，在中药、藏药、维药都有明显作用；称为"软黄金"的黑枸杞，价格增长到近500元/kg，零售分为四等，最低的1 200元/kg，最高的4 400元/kg；科尔沁沙地进行黑果枸杞秸秆营养钵栽培，能趋利避害，发挥地域优势，结合蒙药材种植，在宜耕沙地建设产业基地，形成区域品牌，开发推广应用前

景十分广阔。

（三）社会效益高，规避风险的能力强

随着人们生活质量水平不断提高，人们的饮食结构随之调整和改变，对优质黑果枸杞的需求将进一步扩大，市场潜力巨大，发展黑果枸杞秸秆营养钵育苗种植，集成规模化环保型种植技术，从根本上降低了技术及市场风险。

科尔沁宜耕沙地进行黑果枸杞玉米秸秆营养钵育苗种植，一是提高了宜耕沙地利用率，使农民增收；二是这种种植模式可带动农村其他产业的发展，如玉米秸秆营养钵加工制作、专业服务队的建立；三是使农牧民获得较好的经济效益。

参考文献

白春亮，彦斌，2016. 黑枸杞栽培管理技术 [J]. 现代农业（10）：9-10.

曹军，吴绍洪，杨勤业，等，2004. 科尔沁沙地的土地利用与沙漠化 [J]. 中国沙漠（5）：32-36.

陈伏生，王桂荣，张春兴，等，2003. 施用泥炭对风沙土改良及蔬菜生长的影响 [J]. 生态学杂志，22（4）：16-19.

陈虎. 龙眼种质资源遗传多样性分析及低温对石硖龙眼影响研究 [D]. 南宁：广西大学，2012.

陈立松，刘星辉，1999. 水分胁迫对荔枝叶片氮和核酸代谢的影响及其与抗旱性的关系 [J]. 植物生理学报，25（1）：49-56.

陈章和，张德明，1999. 南亚热带森林 24 种乔木的种子萌发和幼苗生长 [J]. 热带亚热带植物学报，7（1）：37-46.

杜会石，哈斯额尔敦，王宗明，2017. 科尔沁沙地范围确定及风沙地貌特征研究 [J]. 北京师范大学学报（自然科学版），53（1）：33-37.

段翰晨，王涛，薛娴，等，2012. 科尔沁沙地沙漠化时空演变及其景观格局——以内蒙古自治区奈曼旗为例 [J]. 地理学报（7）：917-928.

段翰晨，薛娴，2018. 基于 DEM 的科尔沁沙地沙漠化土地时空分布特征 [J]. 干旱区资源与环境，32（8）：74-79.

范富，1987. 哲里木沙地成因及沙地草场的管理 [J]. 草地与饲料，2（4）：32-35.

高京草，王慧霞，李西选，2010. 可溶性蛋白、丙二醛含量与枣树枝条抗寒性的关系研究 [J]. 北方园艺（23）：18-20.

耿生莲，2011. 黑果枸杞天然林整形修剪研究 [J]. 西北林学院学报（1）：95-97.

耿生莲，2012. 不同土壤水分下黑果枸杞生理特点分析 [J]. 西北林学院学报，27（1）：6-10.

关保华，葛滢，樊梅英，等，2003. 华荠苧响应不同土壤水分的表型可塑性 [J]. 生态学报，23（2）：259-263.

郭有燕，刘宏军，孔东升，等，2016. 干旱胁迫对黑果枸杞幼苗光合特性的影响 [J]. 西北植物学报，36（1）：124-130.

郭有燕，聂海松，余宏远，等，2019. 不同生境黑果枸杞实生苗生长及土壤养分空间

差异的研究 [J]. 干旱地区农业研究, 37 (2): 95-101.

韩蕊莲, 李丽霞, 梁宗锁, 等, 2002. 干旱胁迫下沙棘膜脂过氧化保护体系研究 [J]. 西北林学院学报, 17 (4): 1-5.

韩希英, 宋凤斌, 王波, 等, 2006. 土壤水分胁迫对玉米光合特性的影响 [J]. 华北农学报, 21 (5): 28-32.

郝海广, 2008. 基于土地适宜性评价的科尔沁沙地退耕还林还草决策分析 [D]. 呼和浩特: 内蒙古师范大学.

郝转, 2019. 水杨酸对盐胁迫黑果枸杞种子萌发的影响 [J]. 贵州农业科学, 47 (3): 101-104.

何伟, 艾军, 范书田, 等, 2015. 葡萄品种及砧木抗寒性评价方法研究 [J]. 果树学报, 32 (6): 1 135-1 142.

嵇萍, 2016. 科尔沁沙地生态修复成效与物种适宜性评估 [D]. 南京: 南京信息工程大学.

冀菲, 唐晓杰, 程广有, 2016. 黑果枸杞组培繁殖培养基选择 [J]. 北华大学学报 (自然科学版), 17 (4): 537-539.

雷玉红, 梁志勇, 王发科, 等, 2018. 柴达木黑果枸杞生长发育的气象适宜性及灾害影响分析 [J]. 青海农林科技 (2): 21-25, 33.

李博英, 张华, 2011. 科尔沁沙地土地利用变化研究 [J]. 云南地理环境研究 (1): 28-33.

李春喜, 2016. 甘肃省黑果枸杞人工栽培种植技术 [J]. 农业工程技术 (1): 58-59.

李芳兰, 包维楷, 吴宁, 2009. 白刺花幼苗对不同强度干旱胁迫的形态与生理响应 [J]. 生态学报, 29 (10): 5407-5416.

李金亚, 2014. 科尔沁沙地草原沙化时空变化特征遥感监测及驱动力分析 [D] 北京: 中国农业科学院.

李凯, 武林楠, 陈笑笑, 等, 2015. 7 个鲜食葡萄品种抗寒性评价 [J]. 新疆农业科学, 52 (9): 1 615-1 623.

李淑玲, 冯景玲, 冯建荣, 等, 2014. 不同苹果品种抗寒性的研究 [J]. 石河子大学学报 (自然科学版), 32 (03): 279-284.

李永洁, 李进, 徐萍, 等, 2014. 黑果枸杞幼苗对干旱胁迫的生理响应 [J]. 干旱区研究, 31 (4): 756-762.

梁云媚, 李燕, 多立安等, 1998. 不同盐分胁迫对苜蓿种子萌发的影响 [J]. 草业科学 (6): 22-26.

林丽, 晋玲, 高素芳, 等, 2017. 不同产地黑果枸杞微量元素含量的相关性研究 [J]. 湖北中医药大学学报, 19 (4): 35-39.

刘海卿, 孙万仓, 刘自刚, 等, 2015. 北方寒旱区白菜型冬油菜抗寒性与抗旱性评价及其关系 [J]. 中国农业科学, 48 (18): 3 743-3 756.

刘克彪，李爱德，李发明，2014. 四种生长调节剂对黑果枸杞嫩枝扦插成苗的影响 [J]. 经济林研究，32（3）：99-103.

刘秋辰，2017. 六个类型黑果枸杞种子耐盐性以及枝条抗寒性的比较 [D]. 石河子：石河子大学.

刘荣丽，2011. 不同的生长调节剂对黑果枸杞硬枝扦插育苗的影响 [J]. 安徽农业科学（9）：11 447-11 448.

卢精林，李丹，祁晓婷，等，2015. 低温胁迫对葡萄枝条抗寒性的影响 [J]. 东北农业大学学报，242（4）：36-43.

鲁金星，姜寒玉，李唯，2012. 低温胁迫对砧木及酿酒葡萄枝条抗寒性的影响 [J]. 果树学报，29（6）：1 040-1 046.

罗君，彭飞，王涛，等，2017. 黑果枸杞种子萌发及幼苗生长对盐胁迫的响应 [J]. 中国沙漠，37（2）：261-267.

罗永忠，李广，2014. 土壤水分胁迫对新疆大叶苜蓿的生长及生物量的影响 [J]. 草业学报，23（4）：213-219.

马富举，李丹丹，蔡剑，等，2012. 干旱胁迫对小麦幼苗根系生长和叶片光合作用的影响 [J]. 应用生态学报，23（3）：724-730.

马红梅，陈明昌，张强，2005. 柠条生物形态对逆境的适应性机理 [J]. 山西农业学报，33（3）：47-49.

米永伟，陈垣，郭凤霞，等，2012. 盐胁迫下黑果枸杞幼苗对外源甜菜碱的生理响应 [J]. 草业科学，29（9）：1 417-1 421.

牛建强，2017. 枸杞的采收制干包装存储 [J]. 农村经济与科学（2）：291-306.

牛锦凤，王振平，李国，等，2006. 几种方法测定鲜食葡萄枝条抗寒性的比较 [J]. 果树学报，23（1）：31-34.

彭素琴，刘郁林，2010. 不同品种金银花光合作用对干旱胁迫的响应 [J]. 北方园艺（19）：191-193.

齐延巧，耿文娟，周伟权，等，2016. 两种枸杞的抗寒性研究 [J]. 新疆农业科学，53（12）：2 203-2 209.

祁银燕，郝广婧，陈进福，2018. 青海省野生黑果枸杞种质资源调查 [J]. 青海农林科技（3）：38-42.

乔梅梅，2017. 日光温室黑果枸杞生物学特性研究 [D]. 石河子：石河子大学.

沈慧，米永伟，王龙强，2012. 外源硅对盐胁迫下黑果枸杞幼苗生理特性的影响 [J]. 草地学报，20（3）：553-558.

时连辉，谌志美，姚建，2005. 不同桑树品种在土壤水分胁迫下膜伤害和保护酶活性变化 [J]. 蚕业科学，32（1）：13-17.

宋明元，吕贻忠，李丽君，等，2016. 土壤综合改良措施对科尔沁风沙土保水保肥能力的影响 [J]. 干旱区研究，33（6）：1 345-1 350.

孙红春，2015. 不同棉花品种对水分胁迫的形态、生理生化反应 [D]. 保定：河北农业大学.

孙金铸，1987. 西辽河流域生态环境整治对策 [J]. 地理学与国土研究，3（2）：13-18.

王恩军，李善家，韩多红，等，2014. 中性盐和碱性盐胁迫对黑果枸杞种子萌发及幼苗生长的影响 [J]. 干旱地区农业研究，32（6）：64-69.

王桂荣，张春兴，1998. 泥炭改良风沙土的试验 [J]. 沈阳大学学报（自然科学版），10（2）：7-10.

王晶，李毅，樊辉，等，2017. 不同浓度生根粉对黑果枸杞扦插苗生长的影响 [J]. 草原与草坪，37（5）：75-79.

王桔红，陈文，2012. 黑果枸杞种子萌发及幼苗生长对盐胁迫的响应 [J]. 生态学杂志，31（4）：804-810.

王龙强，蔺海明，2011. 黑果枸杞苗期耐盐机制研究 [J]. 科技导报，29（10）：29.

王少昆，赵学勇，王晓江，等，2016. 有机混合物的制备及其在退化沙地恢复方面的应用 [J]. 中国沙漠，36（4）：990-996.

王涛，刘珩，2016. 3 种枸杞品种抗寒性机理研究 [J]. 防护林科技（11）：42-44.

王依，靳娟，罗强勇，等，2015. 4 个酿酒葡萄品种抗寒性的比较 [J]. 果树学报，32（4）：612-619.

魏鑫，刘成，王兴东，等，2013. 6 个高丛越橘品种低温半致死温度的测定 [J]. 果树学报，30（5）：798-802.

魏自民，谷思玉，赵越，等，2003. 有机物料对风沙土主要物理性质的影响 [J] 吉林农业科学，28（3）：16-18.

吴敏，张文辉，周建石，等，2013. 不同分布区栓皮栎实生苗更新及其影响因子 [J]. 应用生态学报，24（8）：2 106-2 114.

吴芹，2013. 土壤水分对 3 个造林树种光合生理生化特性的影响 [D]. 泰安：山东农业大学.

武燕，2017. 荒漠植物黑果枸杞盐碱适应性研究 [D]. 兰州：兰州理工大学.

邢兆凯，张学丽，杨树军，1999. 施用草炭对风沙土改良效果的初步研究 [J]. 辽宁农业科学（2）：39-42.

许中旗，黄选瑞，徐成立，等，2009. 光照条件对蒙古栎幼苗生长及形态特征的影响 [J]. 生态学报，29（3）：1 121-1 128.

闫兴富，王建礼，周立彪，2011. 光照对辽东栎种子萌发和幼苗生长的影响 [J]. 应用生态学报，22（7）：1 682-1 688.

杨宏伟，郭永盛，刘博，等，2016. 黑果枸杞硬枝扦插繁育技术研究 [J]. 内蒙古林业科技，42（4）：33-35.

杨宁，李宜砷，陈霞，等，2016. 黑果枸杞的组织培养和快速繁殖 [J]. 西北师范大学学报（自然科学版），52（2）：84-88.

杨志江，李进，李淑珍，等，2008. 不同钠盐胁迫对黑果枸杞种子萌发的影响 [J]. 种子，27（9）：19-22.

于艳华，2006. 基于退耕还林还草的科尔沁沙地土地利用变化生态效应研究 [D] 呼和浩特：内蒙古师范大学.

詹振楠，马青，王文娟，等，2018. 混合盐碱胁迫对黑果枸杞种子萌发的影响 [J]. 江苏农业科学，46（24）：119-122.

张栋，2011. 干旱胁迫对苹果光合作用 [D]. 杨凌：西北农林科技大学.

张峰，翟红莲，李海涛，等，2016. 黑果枸杞温室育苗及滨海盐碱地造林的技术研究 [J]. 中国农学通报，32（7）：14-17.

张华，张爱平，杨俊，2007. 科尔沁沙地生态系统服务价值变化研究 [J]. 中国人口·资源与环境，（3）：60-65.

张华英，刘景辉，赵宝平，等，2016. 保护性耕作对风沙区农田土壤物理性状及玉米产量的影响 [J]. 干旱地区农业研究，34（3）：108-114.

张莉，续九如，2003. 水分胁迫下刺槐不同无性系生理生化反应的研究 [J]. 林业科学，239（4）：162-167.

张荣梅，2016. 不同浓度 NaCl 胁迫对 5 个种源黑果枸杞叶片生理特性的影响 [D]. 兰州：甘肃农业大学.

张艳霞，罗华，侯乐峰，等，2015. 五个石榴品种的抗寒性评价 [J]. 浙江农业学报，149（4）：549-554.

张永民，赵士洞，张克斌，2003. 科尔沁沙地及其周围地区土地利用变化的时空动态模拟 [J]. 北京林业大学学报（3）：68-73.

张兆铭，史星雲，牟德生，等，2015. 八个酿酒葡萄品种抗寒性比较 [J]. 北方园艺，334（7）：33-35.

赵冠翔. 盐胁迫对黑果枸杞光响应生理机制的研究 [D]. 兰州：兰州大学，2014.

赵晶忠，王立，孔东升，等，2017. 黑果枸杞温室穴盘育苗定植及嫩枝扦插技术研究 [J]. 甘肃农业大学学报，52（2）：86-91.

赵其国，吴志东，1999. 深入开展"土壤与环境"问题研究 [J]. 土壤与环境，8（1）：1-4.

赵晓璐，2017. 黑龙江肇东市轻盐碱地黑果枸杞引种试验研究 [D]. 沈阳：沈阳农业大学.

赵泽芳，卫海燕，郭彦龙，等，2017. 黑果枸杞（*Lycium ruthenicum*）分布对气候变化的响应及其种植适宜性 [J]. 中国沙漠，37（5）：902-909.

郑燕，张鸿翎，刘嘉伟，等，2019. NaCl 胁迫对黑果枸杞种子萌发特性的影响 [J]. 内蒙古农业大学学报（自然科学版），40（3）：24-32.

周龙, 2006. 新疆野生樱桃李生物学特性及其资源评价 [D]. 乌鲁木齐: 新疆农业大学.

Asbjornsen H, Vogt K A, Ashton M S, 2004. Synergistic responses of oak, pine and shrub seedlings to edge environments and drought in a fragmented tropical highland oak forest, Oaxaca, Mexico [J]. Forest Ecology and Management, 192 (2-3): 313-334.

Beth A, Workmaster, Jiwan P, 1999. Ice nucleation and propagation in cranberry uprights and fruit using infrared video thermography [J]. J. Amer. Soc. Hort. Sci., 124 (6): 619-625.

GalléA, Haldimann P, Feller U, 2010. Photosynthetic performance and water relations in young pubescent oak (Quercus pubescens) trees during drought stress and recovery [J]. New Phytologist, 174 (4): 799-810.

Henderson D E, Jose S, 2010. Biomass production potential of three short rotation woody crop species under varying nitrogen and water availability [J]. Agroforestry Systems, 80 (2): 259-273.

Kang S K, Motosugi H, Yonemori K, et al., 1998. Supercooling characterics of some deciduous fruittrees as related to water movement within the bud [J]. Journal of Horticultural Science & Biotechnology, 73 (2): 165-172.

Munns R, 2002. Comparative Physiology of salt and water stress [J]. Plant, Cell and Enviroment, 25 (2): 239-250.

Sanchezz F J, Andres E F, Tenorio J L, et al., 2004. Growth of epicotyls, turgor maintenance and osmotic adjustment in pea plants subjected to water stress [J]. Field Crops Research, 86: 81-90.

Ziegenhagen B, Kausch W, 1995. Productivity of young shaded oaks (Quercusrobur L.) as corresponding to shoot morphology and leaf anatomy [J]. Forest Ecology and Management, 72 (2-3): 97-108.